中国のエネルギー産業の地域的分析

——山西省の石炭産業を中心に——

時 臨雲・張 宏武 著

溪水社

まえがき

　周知のように、中国では、高い経済成長に伴って、エネルギー消費も大幅に増加してきた。中国におけるエネルギー源消費構成の特徴は、石炭の比率が非常に大きいことである。石油を主としている大部分の国々と違って、中国では石炭の比率は今になっても概ね70％以上のシェアを占めている。石炭は、エネルギーの主役として、中国経済発展の支えと言っても言い過ぎではないと思われる。
　しかし、中国の石炭資源の分布はかなり偏っている。例えば、中国の内陸部に位置する山西省は、「石炭の海」と呼ばれるほどの炭産地として知られている。山西省一省だけで、中国石炭需要のおよそ1/4～1/3を供給している。山西省で産出した石炭は、中国のごく少数の省・区を除く市・区に供給されている。山西省の石炭供給の重要性を考えて、1980年代の初頭から、中国政府に「山西省エネルギー・重化工基地」を建設するという政策が打ち出された。
　それ以降、山西省の石炭の開発が強化され、経済発展の原動力として、多大な役割を果たした。山西省は、いわば中国の経済発展に多大な役割を果たしてきたのである。ここでの課題は、中国全体のエネルギー政策と地域経済の関連である。石炭産地では、枯渇資源としての石炭を産出すると共に、持続可能な視点から代替産業を育成しなければならない。すなわち、中国全体の経済発展を促進すると共に、石炭産業を主幹産業とする山西省の経済の発展は真剣に検討する必要がある。具体的な課題としては、山西省の石炭産業は、一体どういうものなのか、その実体を時間的、空間的な側面から解明することが、地域経済発展の一助になると考えている。また、石炭産業と地域経済が、どのように結びついているのかも、ひとつの重要な研究課題と考えられる。

本書は序章、終章と本文の五章からなっている。序章では、本文を展開するために、本研究の課題について説明する。第一章では、中国のエネルギー政策とエネルギー産業の歴史的展開について述べる。第二章では、中国の石炭産業における山西省の位置づけを検討する。また、第三章では、山西省の石炭産業とその地域的展開について纏めた。続いての第四章では、第三章の補足として、山西省における石炭の主要関連産業と石炭の運送について検討した。第五章では山西省における石炭産業と地域経済との関連について研究した。最後の終章は、本研究を纏めて述べたものである。また、本研究に使った主なデータは付録として本書の最後につけた。

　本研究の課題は、中国のエネルギー政策と地域経済の関連に関する研究の試みである。この研究は、決して容易ではない。というのは、まず、研究資料の収集の難しさがある。中国では、長期にわたって、地域経済に関するデータが公刊されていなかった。今のところ、統計年鑑などの資料が公刊されたものの、まだ、大地域、大項目の資料が多く、小地域、小項目の資料が少ない。また、統計指標の取り扱いは、国際的な比較のやりにくい面もある。現場のフィールドワークは重要な補完手段とされているが、時間的、経済的制約があって、炭鉱や発電所など色々なところへ足を運んだが、十分とは言えない。次に、研究対象の複雑さである。山西省の石炭産業自身でも、ひとつのシステムとして、その内部に色々な繋がりが存在している。例えば、炭鉱と炭鉱との関連、炭種の補完関連などが挙げられる。そして、石炭産業とその関連産業の間に直接的、間接的な繋がりが存在している。また、石炭産業と地域経済・社会との繋がりも存在している。これらの繋がりを考えると、困難さは更に大きくなるであろう。そのほかに、著者自身の能力や、研究手段・方法などにも限られる。

　本書の完成は、多くの人々の助けを借りなければならなかった。まず、本研究を検討する際に、たくさんの心温まるコメントを下さった（故）村上誠教授、中山修一教授、前田俊二教授、藤井守教授に深く感謝の意を表したい。

　次に、広島修道大学の時政勗教授に感謝しなければならない。先生は多忙なお仕事、ご研究にもかかわらず、私達の原稿を読んでくださり、貴重なコメントを下さった。

また、私達が切望してきた研究の機会を与えてくれた母校の広島大学、広島修道大学に感謝しなければならない。

　さらに、私達の日本での留学生活を支援してくれた広島国際センター（財）、広島平和文化センター（財）、平和中島財団（財）、熊平奨学会、マツダ株式会社、中国ベント株式会社、それに広島大学と広島修道大学の関連部署、先生方、先輩と後輩方、広島諸民間団体の方々、たくさんの方々のお世話になった。記して感謝申し上げる。

　最後に、本書の出版に携わった溪水社の木村逸司社長に深く感謝する。木村社長は私達留学生の事情をよく理解して下さり、色々と配慮して下さった。

　本書は、構想から、数々の討議を経て、完成するまで、時臨雲と張宏武が共同で作成したものである。主に時臨雲が第一章、第二章、第三章、第五章及び終章、付録を執筆した。張宏武が序章と第四章を執筆した。

　本研究が、中国の地域経済発展研究の一石になれば、筆者の望外の喜びである。

　　　　　　　　　　　　　　　　　　　　　時　臨　雲　　張　宏　武

目　　次

まえがき ……………………………………………………………… i

序　章　研究の目的と方法 ………………………………………… 1
　一　研究の課題　1
　二　研究の目的と方法　2
　三　従来の研究　3
　四　研究の対象地域　5
　五　若干の用語について　5

第一章　中国のエネルギー政策とエネルギー産業の歴史的展開 ………………………………………… 6
　第一節　建国前のエネルギー開発概況 ………………………… 6
　第二節　建国から「文化大革命」前までのエネルギー政策
　　　　　とエネルギー産業 …………………………………………… 8
　　一　建国後各経済時期の画定について　8
　　二　国民経済の回復期　10
　　三　「第一次五カ年計画」期　12
　　四　「第二次五カ年計画」期と「調整」期　15
　第三節　「文化大革命」期のエネルギー政策
　　　　　とエネルギー産業 …………………………………………… 20
　　一　エネルギー産業に関わった背景と方針・政策及びその影響 ……… 20
　　二　経済とエネルギー産業の展開 ……………………………………… 25
　第四節　改革・開放以後のエネルギー政策
　　　　　とエネルギー産業 …………………………………………… 26

  一 エネルギー産業に関わった背景と方針・政策及びその影響 …………26
  二 エネルギー産業の展開 ……………………………………………………31

第二章 中国の石炭産業における山西省の位置づけ ……34
 第一節 中国のエネルギー産業における石炭の地位 …………………34
  一 エネルギー構成から見た石炭の地位 …………………………………34
  二 エネルギー資源の賦存状況から見た石炭の地位 ……………………35
 第二節 中国の石炭産業における山西省の位置づけ …………………37
  一 概 観 ……………………………………………………………………37
  二 石炭産業の位置づけ ……………………………………………………41
  三 「山西石炭・エネルギー・重化学工業基地」建設の意義 …………44

第三章 山西省の石炭産業とその地域的展開 …………46
 第一節 山西省の石炭資源 ……………………………………………46
  一 主要炭田の概況 …………………………………………………………46
  二 石炭の質量とその利用 …………………………………………………48
  三 石炭資源についての分析 ………………………………………………51
 第二節 改革・開放前の石炭産業とその地域的展開 …………………53
  一 建国前の石炭開発 ………………………………………………………53
  二 国民経済回復期の石炭産業 ……………………………………………56
  三 「第一次五カ年計画」期の石炭産業 …………………………………58
  四 「第二次五カ年計画」期と三年「調整」期の石炭産業 ……………62
  五 「文化大革命」期の石炭産業 …………………………………………70
 第三節 改革・開放後の石炭産業とその地域的展開 …………………76
  一 「第五次五カ年計画」期の石炭産業 …………………………………76
  二 「第六次五カ年計画」期以降の石炭産業 ……………………………82

第四章 山西省における石炭の主要関連産業
    と石炭の運送 ……………………………………………99
 第一節 石炭関連産業の成長 …………………………………………99
  一 石炭関連産業 ……………………………………………………………99

二　関連産業の成長 …………………………………………100
第二節　コークス炭業 ……………………………………………102
　一　改革・開放前のコークス炭業 …………………………102
　二　改革・開放後のコークス炭業 …………………………104
第三節　電力業 ……………………………………………………105
　一　発展概況 …………………………………………………106
　二　発電所の建設 ……………………………………………109
第四節　省外への石炭運輸 ………………………………………117
　一　交通ルートの概況 ………………………………………117
　二　省外への石炭運送 ………………………………………118

第五章　山西省における石炭産業と地域経済との関連 ……125
第一節　地域経済構造（工業を中心に）…………………………125
　一　産業構造とその変化 ……………………………………125
　二　大・中規模企業から見た工業の地域的構造 …………128
第二節　石炭産業と地域経済 ……………………………………139
　一　石炭生産と産業構造 ……………………………………139
　二　石炭産業と産業配置 ……………………………………143
第三節　石炭開発と地域経済の成長（県・市別から）…………144
　一　石炭生産概況 ……………………………………………144
　二　国内総生産額と工業生産額 ……………………………145
　三　石炭産業と地域経済との関連 …………………………145
　四　一人当たり国内総生産額から見た石炭産業の影響 …152

終　章　むすび …………………………………………………154
　一　中国におけるエネルギー産業と国から出された政策の関係 …154
　二　山西省の石炭産業 ………………………………………155
　三　石炭産業と地域経済の関連 ……………………………158

付　録 ………………………………………………………………161

付表1 …………………………………………………………………161
付表2 …………………………………………………………………169
付表3 …………………………………………………………………173

参考文献 ……………………………………………………………179

索　引 ………………………………………………………………183

中国のエネルギー産業の地域的分析

序　章　研究の目的と方法

一　研究の課題

　「産業の血液」と呼ばれる中国のエネルギー産業は、建国以来の長い間ボトルネック産業になってきた。その形成原因の一つは、中国のエネルギー産業の実情が十分に把握されていないからである。この意味から言えば、まず経済発展のために、そのエネルギー産業の実情を究明すべきであろう。これは、本研究の基本的な主旨である。

　エネルギーの研究に当たっては、いろいろな視点があるが、経済の側面から見る時、最も重要なのは、エネルギーの需給についての問題である。特に、長期にわたって、ボトルネック産業になってきた中国のエネルギー産業では資源の合理的な開発・利用が問題となるのである。また、別の視点からは、エネルギー資源産地においては、資源開発と同時に、地元の産業の成長が重要な課題となってきた。これは国民経済の進展とエネルギー産業との関連性に関する研究課題である。

　中国のエネルギー産業の実情といえば、二つの特徴を持っている。その一つは、中国が世界でエネルギーの生産と消費の大国であり、もう一つは、その構成において、石炭の比率が大きいことである。1950年代半ば以降、エネルギー源に占める石炭の比率は次第に低下してきたが、1980年代の初めから再び上昇し始め、いまも70％以上を占めて、最大のエネルギー源であることに変わりはない。つまり、中国においては、石炭はエネルギーの主役として、国民経済の発展に大きな役割を果たしてきた。その意味では、中国のエネルギー産業の現状を把握するには、まずその石炭産業の実体が究明されなければならないであろう。いわば、国民経済と石炭産業との関連性に関する研究

課題である。

　石炭資源開発と地域開発に関しては、いくつかの問題が存在している。まず、石炭資源開発の流れの中で、時期によって、特に国・政府からの政策の影響を受けてきた。どの時期に、どのような政策が出され、それらが関連する地域にどのような影響が起こったか、あるいはなぜ起こったかなど、これは、石炭産業と中央・地方の開発政策との関連性の研究課題である。

　次に、産炭地において、石炭開発が、どのように展開してきたのか、どのように変化していったのか、といった問題の究明が重要な意義を持つ。これは、石炭開発の展開過程の研究課題である。

　地域開発において、石炭資源が大いに開発されたが、この産炭地域のほかの産業との間にどのように関連しているかも大きな問題である。炭産地が大規模な石炭開発に伴い、どのような変化をしてきたのか、これは、石炭産業と地域経済との関連性に関する研究課題である。

　また、石炭産業の将来に関する問題である。石炭資源は枯渇資源の典型であり、そのため産炭地域は、探鉱→起業→発展→繁栄→衰退のサイクルをたどることになる。その推移に長短が生じることもあるが、基本的な性格は変わらない。もし石炭資源が開発され尽くされたなら、または国内外の市場変化によって、石炭の需要がなくなってしまったら、どうなるのか。いわば、資源としての石炭とそれを担う炭産地の持続的発展（Sustainable Development）についての研究課題といえよう。

　これらと関連して、環境問題も一つの重要な課題になってきている。中国で毎年燃やされている石炭だけで年間数千万トンの二酸化硫黄（SO_2）が降り注いでいる。その影響は、石炭産地だけでなく、更に広い地域に及んでいる。この問題は、ますます深刻になってきている。

二　研究の目的と方法

　本研究は、地域経済と経済地理学の立場に立って、中国におけるエネルギー産業の地域的展開を検討する。主として代表的な炭産地（石炭産業地域）の持つ特性を究明する。まずは、中国の各経済発展期において、国のエネルギー政策がどう打ち出されたか、その変遷を振り返りながら、それぞれの政

策を受けての中国におけるエネルギー産業の歴史的展開過程を明らかにする。次に、代表的な炭産地—山西省を選び、その全国に占める位置づけと山西省での石炭産業の時間的、空間的展開を検討する。そして、山西省における石炭産業と地域経済の関連を石炭関連産業の分析から明らかにする。

本研究では、入手した文献や資料の整理・分析に、実地調査によって得た資料を加えて検討していくが、資料的制約が大きく、国・省など大地域の資料に頼らざるを得ないところが多い。研究方法としては、努めて実証を重んずるよう努める。

三 従来の研究

中国のエネルギーについての研究論文と著書は多数あるが、大体はその現状及び未来のエネルギー需要の予測などに集中している。例えば、「中国社会主義経済構造研究叢書」の中で、『中国エネルギー構造研究』が、1987年に公刊された[1]。この著書は主にエネルギー構成の角度から、中国のエネルギー資源・生産・消費などの構成と発展予測を検討した。主な石炭産地である山西省については、改革・開放政策実施以来、石炭開発が重要視され、石炭研究が多くなされた。例えば、山西省計画委員会をはじめ、各大学・研究機構に加えて、大規模な「山西国土資源」についての調査がなされた。これは、史上初の大調査といわれている。その内容は、1982年までの山西省の自然、経済、社会、観光、環境などの現状について詳しく説明したものであった[2]。それを基礎にして、「山西エネルギー・重化工基地総合計画」[3]が立案された。後に本文でも触れるが、これは国と省・地方の数千名の学者、技術者からなる研究グループによる共同研究の成果であった。その研究の目的は、中国経済大発展に欠かせない山西省石炭の大規模な開発を目指すものであった。その内容も石炭開発の現状と今後可能な開発規模の予測などであった。また、山西省社会科学院と太原市技術経済研究センターの共同研究の成果として、『山西エネルギー・重化工基地総合開発研究』が発表された[4]。なかには、1979年から1983年までの山西省エネルギー・重化学工業基地に関する研究論文63編が収録された。その内容は幅広いが、概ね以下のようにまとめられる。

（1）山西省の石炭開発問題。例えば、山西省石炭・エネルギー・重化学工業基地の建設に関する政策、措置、開発規模、石炭の運送手段（鉄道、自動車道、パイプなどで運送の可能性及び運送量）などの問題が活発に議論された。

（2）山西省と全国の関係の問題。つまり、「基地」建設の中で、山西省の中国全土の中での地位はどう位置づけられる（主に石炭産業の全国に占める地位の問題）か、あるいは山西省は、他の省・市・区とどう協力関係を築くかの問題が取り上げられた。

（3）山西省自身の問題。全国の石炭・エネルギー・重化学工業基地になるために、山西省はどのような基盤整備が必要なのか、山西省の産業構造はどうなるか、石炭産業と他の産業がどう調和するか、具体的に山西省の各産業（石炭は勿論、電力、化学、軽工業及び農業）の発展の問題、特に山西省の経済発展に大きな制約と見られる交通運輸の問題と水資源の問題についての議論が多かった。

また、中国科学院地理研究所では、「山西省石炭・エネルギー・重化学工業基地」の建設を有効に進める考えに基づいて、「山西省の総合経済区の区分」についての基本案を提出した[5]。この研究は、経済区区分の原則、段取り、指標体系が示された上で、山西省における総合経済区を晋北区、晋中区、晋南区、晋東南区（晋は、山西省の略称）の四つの一級経済区、それを更に11の二級経済区に分けて論じた。

これらの研究は、大体「山西省石炭・エネルギー・重化学工業基地」政策が打ち出された前後に集中していた。多くの研究は、中国全体に着目して、エネルギー不足の問題をどう解消するか、山西省にどれくらいの石炭が求められ、またどれくらいの石炭が提供できるかなどの全国スケールの研究傾向が見られた。

「基地」設立以後の80年代後期から今までに、その「基地」の建設はどうなったか、どのような成果があげられたか、どのような問題が生じているか、などの研究は殆どなされていないのが現実である。

本研究では、以上の研究を踏まえて、時期的に中国全体のエネルギー政策のもとで、エネルギー業はどうなってきたのか、その原因はなぜか、またこれと関連して、中国の資源地域（山西省を中心に）におけるエネルギー源開

発の展開過程を実証的に検討してみよう。筆者の知るかぎり、このような中国のエネルギー政策と実態の結びつきに着目して、歴史的に研究するものは例がまだないように思われる。

四　研究の対象地域

本研究で上記の目的に沿って、実証的研究を試みる対象地域は山西省である。山西省は「石炭の海」と言われるが、それは省内一円に石炭が埋蔵し、中国一の石炭生産量を誇ること、多種多様な石炭を産出することから付けられたものである。こうした意味で、中国の石炭産業を解明する上で、最適の場であると言える。

五　若干の用語について

中国の石炭と石炭産業に関する以下の分析では、中国の述語を使用するケースが多い。多くは、日本語の述語に置き換えたが、いくらかの述語はそのまま使用する。
（1）「一五」期や、「二五」期などは、「第一次五カ年計画」、「第二次五カ年計画」などの略である。
（2）石炭産業や、発電業などエネルギー産業及び鉱業は、中国では、工業に入れられている。

注：
 1) 孫尚清・翟立功（1987）：『中国能源結構研究』、山西経済出版社、pp.255
 2) 山西国土資源編写組（1985）：『山西国土資源』（上、下編）、pp.697
 3) 山西省計画委員会編（1985）：『1981—2000・山西能源重化工基地総合規画資料集（総合）』、pp.445
 4) 山西省社会科学院・太原市技術経済研究中心編（1984）：『山西能源重化工基地総合開発研究』、山西人民出版社、pp.794
 5) 中国科学院地理研究所経済地理部編（1985）：『山西能源基地の総合開発と経済区画』、能源出版社、pp.219

第一章　中国のエネルギー政策と
　　　　エネルギー産業の歴史的展開

第一節　建国前のエネルギー開発概況

　中国はエネルギー資源の開発・利用において、世界で最も早くから始まった国の一つである。春秋戦国時代にすでに石炭を利用し、唐宋時代には広範に精練や、一般の燃料として利用し、明代にすでに大規模に採掘していた。漢代に陝西省では、照明に石油を利用していた。四川省では、天然ガスを利用して塩を煮ていた。また四川省においては、世界でおそらく最初のガス・パイプラインを天然の竹を用いて、作っていた。

　ただ、石炭が近代的な形でのエネルギー産業として盛んになったのは、19世紀後半のことであった。1878年に開灤で初めて機械で運びあげる炭鉱を建設したが、1878～1948年の70年間の年平均原炭産出量がわずか1,000万トン余であった。建国前で最高の1936年の原炭産出量は3,956万トンで、世界のランクは7位であった。1949年には3,243万トンに落ち、ランクは10位になった。炭鉱はわずか数か所で、主に英米資本で経営していた開灤と日本資本で鞍山鋼鉄公司の需要を満たすため経営していた東北地区のいくつかの中型炭鉱であった。

　石油については、陝西省の延長が昔から石油の湧出で知られていたが、ここで最初の近代的な石油坑井が掘削されたのは1907年であった。ここでは、1946年に至るまでの期間に20坑の坑井が掘削された。1939～46年の8年間に、原油3,000トンが生産された。この原油から、ガソリン、灯油、重油などの石油製品が作られ、同地域の需要に充てられた。

1907～48年に至るまで全国の油田開発は、陝西省の延長、新疆の独山子、甘粛省の玉門油田と四川省のガス田があるのみだった。この間に生産された原油は合計278万トンであり、また東北地域の撫順の油母頁岩から乾留したシェル・オイルが数10万トン、これは日本の技術と資本で行われた。1949年に至る44年間に中国では、合計2,800万トンの石油製品を輸入した。このように石油消費の約10％を国内原油で賄ったのである。1949年には原油産出量はわずか63万トンであった。

中国の火力発電所は、1882年にイギリスの商人が上海に建設したものが最初で、容量はわずか12KWであった。水力発電所は1912年に昆明の石龍壩で建設されたものであった。

1949年に至るまでの68年間、全国総装機容量はわずか185万KW、年発電量はわずか43億KWH、一人当たり発電量はわずか8.6KWHにすぎなかった。発電所の立地は上海などの沿海都市に集中しており、技術、設備もかなり立ち遅れ、最大単機容量はわずか2.5万KWで、1949年の発電量は43.1KWHにすぎなかった。

総じて、中国のエネルギー産業は、1949年の時点では極めて低く、先進国と比べるともちろんだが、条件が類するインドよりも低かった（表1-1）。

表1-1　1949年の種類別エネルギー生産量の比較

エネルギー源	単位	中国	アメリカ 生産量	アメリカ 中国との倍率	インド 生産量	インド 中国との倍率
原炭	万トン	3200	43,600	13.63	3200	10.00
原油	万トン	12	24,892	2,074.33	25	2.08
発電量	億KWH	43	3,451	80.26	49	1.14

出所：劉再興（1995）：中国生産力総体布局研究、中国物価出版社、p.3

第二節　建国から「文化大革命」前までの
　　　　エネルギー政策とエネルギー産業

　中国ではエネルギー政策を含む各分野の開発戦略は、1978年12月の第11期三中全会における改革・開放路線の確立により戦略上の大きな転換を遂げることとなった。これを境にして、その前後に大きな違いがあると考える。中国が、初めてエネルギー政策を樹立し得たのは、1978年以降のことであった。それまでは総合的なエネルギー政策はなかった。なぜなら、建国初期においてはエネルギー源のほとんどは石炭で、それ以外のエネルギー源は少なかった。1949年のエネルギー生産量構成を見ると、原炭96.3％、原油0.7％、天然ガス0.04％、水力発電3.0％を占めていた。1960年以降石炭の比率が次第に低下してきたが、1970年に至ってもまだ80％以上を占めていた。この石炭に対して次第に割合を増加したのは石油のみであったが、文化大革命に当たる1966年に至っても10％にも満たなかった（9.99％）。

　中国では建国に続く10数年間は、ほとんどのエネルギー源を石炭に依存する構成であり、激しい社会変動もあって、国家としての総合的なエネルギー政策が確立できなかったと言える。だが、エネルギー源の重要性が認められなかったわけではない。1978年以前にも中国の国民経済を支える重要な基礎産業であるエネルギー産業は、各五カ年計画にも取り上げられ、その生産量と地区配置は、重要な意味を持った。本章で本節と以下の節では、主に1949年から90年代半ばにかけての各時期のエネルギー産業に影響し、それと関連する重要な政策を時期ごとの流れに沿って取り上げ、エネルギー産業の発展を歴史的に振り返ってみる。

一　建国後各経済時期の画定について

　中国は、建国後の長い間、計画経済の体制を取ってきた。基本的に「五カ年計画」の形で自国の経済の発展に取り組んできた。改革・開放以来、経済体制は市場経済に近づく傾向が見られるが、その「五カ年計画」は相変わらず継続してきた。1949～95年にかけて、3年の国民経済回復期と3年の調整

期を除いて、八つの「五カ年計画」が実施されてきた。1996年からは第九次「五カ年計画」期に入っている。建国以来、その「五カ年計画」はエネルギー産業を含む各経済部門に大きな影響を与えたと言える。それにもかかわらず、中国の場合は、特に改革・開放前の約40年間に政治運動が相次いで起こされ、それを受けて、中国の経済とエネルギー産業のその後の展開に基本的背景を形成したと言える。

　そこで、その各時期の年代推移と主な時代背景を簡単に整理しておきたい（表1-2）。

　1949年10月から1952年末までは、多年の戦乱によって破壊された国民経済を回復させることが緊急な任務であり、これを解決せずには経済計画に取り組むことができなかった。この時期を国民回復期という。

表1-2　中国の経済時期の区分

	開始年	終了年	エネルギー産業にかかわった背景と主な方針・政策
回復期	1949	1952	
「一五」期	1953	1957	第一次「五カ年計画」
「二五」期	1958	1962	第二次「五カ年計画」、「大躍進」運動、「小・土・群工業施策」
「調整」期	1963	1965	調整施策
「三五」期	1966	1970	「文化大革命」運動、「三線建設」施策
「四五」期	1971	1975	「批林批孔」運動、
「五五」期	1976	1980	国民経済・社会発展「十カ年計画」
「六五」期	1981	1985	第六次「五カ年計画」
「七五」期	1986	1990	第七次「五カ年計画」
「八五」期	1991	1995	第八次「五カ年計画」
「九五」期	1996	2000	第九次「五カ年計画」

出所：孫　健（1992）：中華人民共和国経済史（中国人民大学出版社）により整理

　1953年から国民経済発展「五カ年計画」が本格的に始まった。1953～57年までの「第一次五カ年計画」期は各「五カ年計画」期の中では高く評価された時期であるが、その後の「第二次五カ年計画」期（1958～62）には、当初計画通りに進まなかった。それは、1958～62年に起こった「大躍進」運動や1959年からの3年間にわたった厳しい災害、それにソ連との関係の悪化など

によって生じたものと考えられる。その結果、経済発展計画の遂行が著しく妨げられた。この直後の経済困難から離脱するために、やむを得ず1963～65年までの3年「調整」期を置き、それ以降の「五カ年計画」遂行の条件が準備された。しかし、1966年から始まった「第三次五カ年計画」期（1966～70）と「第四次五カ年計画」期（1971～75）は、中国史上例がない大きい政治運動――「文化大革命」期に当たる時期であった。その間は、政治変動が激しいため、経済とエネルギー産業も多大な曲折を見た。1976年に「文化大革命」がようやく終止符を打ち、そして、1978年12月に開かれた中共第十一次三回全会で改革・開放の政策が打ち出され、新しい経済発展の時期に迎えた。それから10数年間のエネルギー産業の発展は、それまでの40年間のそれをはるかに超えた。つまり、1981年からの「第六次五カ年計画」期以降の時期は、本格的な高度成長期に入ったといえる。

二　国民経済の回復期

　1949年～52年にかけての時期は、国民経済の回復期とされる。建国以後、党と国家は、戦争の創傷を癒して、経済建設を全面的に推進しようとしたが、内外ともに事情が変わってきた。国外では、朝鮮戦争への援助、国内には工業など産業の多くの分野に半植民地と半封建の影響がまだ相当に残っていた。このような事情に基づいて、1950年9月全国計画会議では、それ以降の

表1-3　主要エネルギー生産量の回復と発展

エネルギー	単位	史上最高年生産量 年度	史上最高年生産量 生産量	1949年生産量 生産量	1949年生産量 史上最高年生産量の%	1952年生産量 生産量	1952年生産量 1949年生産量の%	1952年生産量 史上最高年生産量の%
原炭	億トン	1942	0.62	0.32	51.6	0.66	206.3	106.5
原油	万トン	1943	32.0	12.0	37.5	44.0	366.7	137.5
発電量	億KWH	1941	60.0	43.0	71.7	73.0	169.8	121.6

出所：国家統計局、「中国統計年鑑・1984」、pp.220～229, p.249

2、3年間には大規模な建設は行わず、主な任務として経済の回復を図ることを決定した。その結果、工業、農業、交通、運輸、国内外貿易など国民経済の各方面にわたって全面的な回復と発展が見られた。すなわち、

(1) 主要産品の生産量が迅速に増加し、建国前の生産量の最高年をはるかに超えた（表1-3）。
(2) 国営工業がしだいに成長し、国民経済の主導的地位を確立した。
(3) 近代工業の比重が増加すると同時に重工業もその比重を高め、1949年〜52年にかけて近代工業総生産額は79.1億元から220.5億元に、全工業総生産額に占める比率は56.4%から64.2%に達した。
(4) 工業の技術水準と経済効果を向上させた（表1-4）。

当時の経済建設の重点は、一に水利、二に鉄道・交通であったが、生産を回復するには、当時欠乏していた動力と原材料の問題を解決しなければならなかった。したがって、電力産業、石炭産業、鉄鋼業への資金投入は重要な課題であったと言える。これらのプロジェクトは、東北地区にあった重工業拠点を中心に展開した。なぜなら、東北地区は建国前重工業の基盤が存在していたし、もとの工場を基礎として回復に取り組めば投下する資金が少なくて済み、建設工期も短く、山海関以南の地域よりいっそう有利な条件に恵まれていたからである。

表1-4　エネルギー技術水準と経済効果の向上

	単位	1949年	1952年
石炭の回採率	%	63.1	76
発電設備利用の時間	時間	2,330	3,800
発電の標準炭の消耗率	kg/KWH	1.020	0.721
そのうち：公用発電所	kg/KWH	0.761	0.685

出所：人民出版社編、偉大の十年、人民出版社、1958、p.97

回復期に行なわれた改造、拡充及び新規建設の重点プロジェクトのうち、一部完工したものとしては、遼源炭鉱中央竪坑、鶴岡炭鉱一号竪坑、阜新海州露天掘り炭田、撫順、阜新の発電所、豊満水力発電所（第一期工事）、銅官山非鉄金属鉱山などがある。鞍山鋼鉄公司の大型鋼材工場、シームレスパ

イプ工場、八号高炉、撫順アルミニウム工場（第一期工事）、鶏西などいくつかの炭鉱の竪坑、富拉爾基（黒龍江省）などいくつかの発電所も着工された。

　国民経済の急速な回復がそれからの計画的な経済建設を進める条件を作り出した。これに基づき政府は計画的な建設を進める具体的な準備にとりかかった。中央財政委員会は1951年から、各年度の工業、交通、生産および基本建設内定目標額を制定し、「第一次五カ年計画」草案の検討を始めた。1952年11月15日に、中央人民政府は国家計画委員会を発足させて、全国の国民経済計画を統一的に管理することを決定し、計画的な経済建設への組織面の準備を完成した。

三　「第一次五カ年計画」期

（一）「第一次五カ年計画」

　「第一次五カ年計画」は国民経済を回復したことに基づいて始まったものである。国の経済実力を迅速に高めるため、重工業優先の工業化路線を確立した。「一五」計画の目標は、ソ連の援助に頼る156の建設プロジェクトを中心に、694の大・中型プロジェクトからなる工業建設に主力を注ぎ、社会主義工業化の初歩的基礎をつくること、一部の集団所有制の農業生産協同組合及び手工業生産協同組合を発展させて、農業と手工業の社会主義的改造の初歩的基礎をつくること、資本主義的商工業を基本的に国家資本主義型に再編成し、さらに社会主義的組織への改造の基礎をつくることであった。

　この中で、鉱工業に関連する具体的目標は次のようなものである。

　1、電力工業、石炭工業、石油工業を建設・拡張し、近代的鉄鋼工業、非鉄金属工業、基本化学工業を建設・拡張し、大型金属切削工作機械、発電設備、冶金設備、採掘設備、自動車・トラクター・飛行機を製造するための機械製造工業を建設する。

　2、紡績工業その他の軽工業を建設し、農業に目を向けた新しい中・小型工業企業を建設する。

　3、工業の地区分布の不合理の状況を改めるため、新たな工業基地の新設をしなければならないが、既存工業企業の利用・改造・拡大、その潜在的生

産力を十分に発揮させることも重要であって、重工業、軽工業の生産目標の達成は主に既存企業にたよる。

　工業配置は、694の大・中型工業建設プロジェクトのうち、222を東北地区と沿海地区に建設し、156の重点民需プロジェクトの半数近くを東北地区に建設する。特に鞍山鉄鋼コンビナートを中心とする東北地区工業基地の改造に力を注ぐ。同時に、武漢と包頭のコンビナートの二つの新工業基地を含む華北、西北、華中地区の新工業区の建設を進めるとともに、西南地区の工業建設を部分的に始める。

（二）経済とエネルギー産業の展開

1、基本建設プロジェクトの建設

　「一五」期、全国で工業部門の基本建設投資総額のうち、重工業は85％、軽工業は15％を占めた。エネルギーの基本建設投資は73.01億元、工業部門の投資総額（250.26億元）の29.2％を占めた。この数字から重点的な建設投資の実態がわかる。中国は3年間の国民経済回復期を経て、農業・工業生産はすでに史上最高の水準に追いついたばかりか、それを超えていたが、経済全般の発展水準はまだ非常に低く、国の財力、物力、技術力は非常に限られていた。もし力を重点的建設に集中せず、軽重緩急をわけずに、何もかも一挙にやろうとすれば、限られた力が分散し、建設目標が達成できなくなるのは必至であった。

　重点的建設には、まず、第一に、重点的建設の項目を適正に選ばなければならない。建設の重点はそれぞれの歴史的発展段階において完全に同じであるというわけにはいかない。そこで、国際環境に応じて軍事工業の重点項目を決める以外に主としてその時期の国民経済の中で、最も弱く、最も必要で、最も全体に好影響を与え、しかも建設可能な民需工業に重点が置かれた。「一五」期の156重点プロジェクトのうち、国防軍事工業がかなりの比重を占めていたが、大多数はやはり民需関係で、主に石炭・電力・機械・冶金・石油・化学などであった。軽工業と水利は非常に少なかった。重点的建設の方針が貫かれたことによって、1957年末には156プロジェクトのうちの半数以上が期限通りに竣工あるいは部分的竣工し、操業を始めた。これらはその後のいくつかの五カ年建設の基礎となり、中核的力となった。

　近代工業の基礎であるエネルギー工業で、この期完成をみて、操業を始め

たのは、石炭では遼寧省撫順鉱務局の西露天、老虎台、龍鳳の三炭鉱、阜新の海州露天炭鉱と平安竪坑、遼源中央竪坑、黒龍江省の東山と興安台の二竪坑、鶏西の城子河竪坑、陝西省の玉石凹竪坑などがあり、電力では撫順、富拉爾基、阜新、吉林、大連、佳木斯、石家荘、太原、包頭、武漢、株州、鄭州、洛陽、西安、蘭州、西固、戸県、烏魯木斉（ウルムチ）、重慶、開遠、個旧などの発電所があり、石油では玉門油田の拡張がある。このようにして、東北地区の工業基地のエネルギー供給が大いに増大しただけでなく、中南、華北、西北、西南諸地区の新しい工業基地の建設にも一定の条件が整えられた。

　2、工業生産量の増加

　1957年の工業生産総額は783.9億元、1952年比128.6％増で、年平均伸び率は18％であった。5年間の工業生産の伸び率は主要な資本主義国のそれをはるかに凌いだ。ちなみに、1953～57年の年平均伸び率をみると、工業生産指数では、中国が18％、イギリスが4.1％、アメリカが2.8％であった。粗鋼では、中国が31.7％、イギリスが5.7％、アメリカが3.9％であった。原炭では、中国が14.4％、イギリスが低下、アメリカが0.4％であった。発電量では、中国が21.6％、イギリスが7.8％、アメリカが9.1％であった。

　旧中国では、19世紀末に最初の採炭機械を使用した炭坑が建設されてから、半世紀余もたった1949年にようやく原炭の年間生産量は3,243万トンとなり、その間の最高年間生産量は6,188万トンにすぎなかったが、新中国では、1957年にすでに1.3億トンに達し、1949年の3倍余りとなり、解放前の最高年間生産量より111.1％も増えた。

　旧中国では、1882年に外国企業が上海に最初の発電所をつくり、1949年に発電量はようやく43.1億KWHとなったが、その間の最高年間発電量は59.6億KWHに過ぎなかった。新中国では1957年に発電量はすでに193.4億KWHに達し、1949年の4.5倍、解放前の年間発電量の3.2倍となった。

　3、技術水準の向上

　中国はすでに技術の複雑な、かなり大型の建設プロジェクトを設計できるようになった。例えば、粗鋼年産150万トン鉄鋼工場、原炭年産240万トンの炭鉱、合成アンモニア年産7.5万トンの化学肥料工場、設備容量100万KWの水力発電所、65万KWの火力発電所などがそれである。

5年間に、中国はすでにいくつかの新型で、近代的な設備を建設した。例えば、電力工業では1955年に高温（510C°）、高圧（100大気圧）の熱力発電所が建設され、単機容量は25,000KW以上の発電設備が全国発電設備容量の22%を占め、単機容量で12,000KW以上のものは46%を占めた。石炭工業では、年産能力300万トンに達する海州露天炭鉱、90万トンに達する遼源中央堅坑、鶴崗東山堅坑が建設された。

4、地区分布の改善

旧中国の工業分布は極めて不合理で、大部分の工業は沿海地帯に集中し、内陸は非常に立ち遅れ、各地区の経済の発展は極めて不均衡であった。この不合理な局面を早急に改めるため、「一五」期に内陸工業の積極的な発展を図った。内陸の基本建設投資額は全国投資額の約50％を占めた。大・中型工業建設単位の53％が内陸に配置された。うち武漢、太原、西安、包頭、蘭州の五大都市に多くの重工業プロジェクトが計画・建設され、これまでの不合理な工業配置を改めるのに重要な役割を果たした。

内陸工業を発展させると同時に、沿海地区の工業を内陸工業と全国の工業の支援基地とすることにも意が注がれた。例えば、設備、物資とともに工業面での諸蓄積を沿海地区の工業基地から提供した。新設企業に必要な大量の技術労働者、技術者、管理者を各種の学校で一部養成するほかに、大部分は既存企業で養成した。国民生活の需要を満たすうえでも、沿海部の企業は大きな役割を果たした。既存企業の力を一層発揮させるために、必要な改築、拡張が行われた。これらの企業は、生産の基礎があり、熟練労働者を有し、比較的よい協業関係をもっていたために、改築、拡張のほうが、新設よりも投資が少なく、効果が早く、経済効率が大きいという長所をもっていた。この計画期の新設企業投資総額は46.4％を占め、改築、拡張企業投資総額は52.3％も占めた。当時新設の比率が割合大きかったのは必要なことであった。そうしなければ独立した比較的整った工業体系と国民経済体系を確立することはできなかった。しかし、改築、拡張もかなり重視された。

四　「第二次五カ年計画」期と「調整」期

（一）エネルギー産業に関わった背景と方針・政策及びその影響

1、「大躍進」運動

1956年9月、中国共産党第八回全国代表大会では、周恩来主導のもとで書き上げられた「第二次五カ年計画についての提案」が正式に採択された。この計画は積極的かつ妥当な国民経済の計画とされた。しかし、この計画はそのまま実行されなかった。1958年は「大躍進」と称し、計画の内容の増大が計られた。その結果、社会主義建設は大きな挫折にぶつかることになった。

「二五」期の始まった1958年5月に開催された中共八全大会第二回会議は、中国は目下「一日が二十年に等しい」偉大な時代にあるとし、この会議では、「二五」計画の新しい指標を出された。1958年8月にその指標を更に引き上げた。その結果「大躍進」運動が全国のさまざまな分野で急速に展開され、高い目標のみを追求し、水増しの報告を出し、さらにエスカレートしていった。

1958年8月、北戴河で政治局拡大会議が開かれた。この会議では、「粗鋼1,070万トンを生産するために奮闘するよう全党全人民への呼びかけ」という重要な文書が公表された。その後、鉄鋼生産を柱とする「大躍進」運動の高まりが全国に急速に広がっていった。その中で示された1958年末の粗鋼及びその他の主要な工業製品の生産量は、現実の可能性をはるかに超えるものであった。例えば現実には、1958年1月から8月にかけての粗鋼生産量は450万トンで、年間計画量の1/3より少し多いくらいしか達成されず、残り600余万トンの生産任務はあとの1/3の期間に達成しなければならなかった。石炭について言えば、もともと、1958年には22,080万トンの出炭が要請されていたが、1月から8月にかけての出炭は12,097万トンで、年間出炭任務の55％しか達成し得なかった。電力に至っては、その供給事情は終始逼迫状態にあった。電力の不足は工業生産の「大躍進」のネックとなった。

1958〜60年にかけての「大躍進」期に、エネルギー産業は、かつて見ない規模で人力・資金・設備・物資を動員したため、一部の重要建設項目が完工したのも確かである、統計によると1958〜60年までの間に主要工業部門については、新規増加した生産能力が1950〜79年までの間に新規増加した生産能力に占める比率は、製鋼36.2％、製鉄32.7％、採炭29.6％、洋紙33.8％、綿紡錘25.9％といずれも1/4ないし1/3の間であった。「二五」期の基本建設投資は、合計1,186億元、新規増加の固定資産の規模は、「一五」期より84％も多

く、その殆どがその3年間に達成したものである。この時期に、中国の経済に重要な貢献をした大慶油田が開発された。しかし、当時の経済活動に対する指導思想は実際からかけ離れ、功を焦り、効果を重視せず、それに加えて農業が連年大災害に見舞われた。ソ連が専門家を引き上げさせ、債務返済を迫るなど対外的な原因も加わり、国民経済全体に全面的アンバランスが現れる。例えば、蓄積と消費、工業と農業、各産業内部のアンバランスなどがあげられる。工業内部において言えば、当時粗鋼生産量の高い指標を達成するため、すべてを顧みずにより多くの銑鉄、石炭、コークス、電力、運輸などを無理やり要求した。

こうして資源の採掘に拍車がかけられ、設備は負荷が大き過ぎて大量に破損し、製品の質は日ごとに落ちていた。また、石炭、銑鉄など原材料の品位、品質の低下により、採掘量はより多く必要となり、採掘工業は精練、加工工業の需要からはるかに遅れるようになった。

1957〜60年にかけて、鉄鋼生産の需要を満たすために、石炭生産量は13,000万トンから39,700万トンに倍増したが、製鉄、製鋼用石炭の比率が1.6倍増加したため、交通、運輸と国民生活用石炭の比率を大幅に下げても、依然として製鉄、製鋼の需要を満たすことができなかった。特にそのうちの約60％は古い鉱山の採掘強化と小鉱山の簡易操業による突貫増産で賄われた。炭鉱の掘進進度は採掘に遅れ、設備の破損もとてもひどく、全国の重点炭鉱の生産量は1960年7月から減少の一途をたどり始めた。1960年11月になると、多くの企業は石炭不足で操業停止または停止の状態に陥り、多くの地区では樹木を伐採したり古い建物を取り壊して燃やしたり、果ては石炭を奪う事件が発生した。

党中央と毛沢東は「大躍進」運動において表面化した問題に気づいて、その後、何回かの経済指標の調整が行われた。例えば、1959年度計画の主要指標として、粗鋼生産量は2,700〜3,000万トンから1,800〜2,000万トンに、さらにその後は1,300万トンに、銑鉄は4,000万トンから2,900万トンに、石炭は37,000万トンから38,000万トンに引き上げられたが、のちに34,000万トンに引き下げられた。基本建設投資総額は500億元から360億元に、さらに280億元に減ぜられた。また、1959年には、軽工業生産に力を入れ、原材料部門特に炭坑、鉄鉱、非鉄金属鉱などの採掘鉱業を優先的に発展させ、原材料部門

と加工部門の間に適切な比率を保たせることが提起された。

このように、数回にわたる調整でも当時の中国の生産基盤にそぐわず、結果として、目標達成の道を遠ざけた。例えば、粗鋼など主要製品の生産量と基本建設投資総額などの指標が再三圧縮されて結局、もとの数字よりも実際に近づき国民経済の直面する困難を緩和したごとくである。

2、「小・土・群」工業施策

1960年に注目された特色の一つに全国でいわゆる「小・土・群」工業運動を興すことがある。「小・土・群」工業とは、つまり小規模で在来技術による大衆運動に基づいて建設された工業である。すなわち、工業を発展させるにはまず採炭業と鉄鋼業を発展させなければならず、そのためには、石炭採掘と鉄鋼生産の「小・土・群」を発展させなければならないからである。当時全国の約2,000の県・市のうち、石炭と鉄鉱資源の賦存する市・県は約3/4を占め、それらに当該工業の発展が要請されたが、そのうち鉄鋼をおこしたものは2/3であった。そのために、政府は、1960年までに全国の石炭と鉄鉱資源のある県・市すべてに石炭と銑鉄を中心とする小工業基点をつくることを指示し、条件の備わった人民公社にも小型の採炭、採鉱、製鉄企業をつくるよう要求した。

3、全面的な調整施策

「大躍進」によってもたらされた国民経済の苦境から脱却するため、中央は国民経済に対し、「調整、強化、充実、向上」の「八字」方針を実行することを提起した。しかし、この期間の工業生産と基本建設に対する調整はあまりはかどらず、成果はさほど大きくなかった。1961年7、8月になると、特に経済の分野にかかわる石炭1日当たりの産出量は前年同期比30%減の44万トンしかなく、多くの企業は動力の供給不足で操業停止に追い込まれた。

中央はこのような厳しい情勢に直面して、1961年8月、廬山に工作会議を召集し、重点的に工業問題を討議した。そのうち会議の討議を経て、「当面の工業問題についての指示」を出し、その工業生産に関する主な内容は、今後の一時期において、石炭の数量増加と品質向上、鋼材の種類増加と品質向上に力を集中しなければならないと指摘した。

1961年下半期から各鉱山は加工工業の大幅な後退によって、施設整備には有利な時機を迎え、掘進と剥離を強化した。1965年現在、非金属鉱山を除き、

炭鉱、鉄鉱、非鉄金属鉱、補助原料鉱及び化学鉱山、建築材料を含むその他の鉱山の掘進と剥離の関係は相次いで基本的に正常化し、開拓、準備、採掘可能数量は基本的には規定の要求に達した。

1961～65年の5年にわたる努力の結果、国民経済に対する「調整、強化、充実、向上」の方針は成功を収めた。工業生産はバランスを保ちながら1957年の水準を上回った。

(二) 経済とエネルギー産業の展開

1958～65年の期間には「大躍進」、「人民公社」、「五反」、「四清」、「修正主義反対」、「戦争への備え」の諸運動が経済活動に大きな影響を及ぼしたにもかかわらず、ある程度の成果を収めた。

1、規模の拡大

1958～65年までの期間に、工業分野に投下された基本建設投資額は938億元に達し、531の大・中型建設項目が完工した。このほか、重要企業も多数新規に建設または拡張された。

エネルギー産業面では、938億元の鉱工業基本建設投資のうち、エネルギーは269.47億元に達し、28.7％の高い比率を占めた。エネルギー産業の生産総額の鉱工業生産総額に占める比率は1957年の6.1％から1965年の9.0％に達した。数十の石炭企業と発電所を建設したほか、黒龍江省に位置する1,000トン規模の大慶油田が完工し、同時に山東省の勝利油田と河北省の大港油田の開発に取りかかった。

統計によると1965年全国の鉱工業固定資産は1957年の2倍の1,040億元に達した。1957年と比べて粗鋼生産量は2.28倍、石炭1.77倍、発電量は3.5倍、原油は7.75倍、合成アンモニア9.4倍、セメント2.38倍、木材1.43倍、綿糸1.54倍、綿布1.24倍、洋紙1.9倍にそれぞれ増えた。1965年の鉱工業生産額は1957年の2倍近くに増えた。

2、工業体系の形成

エネルギー産業面では、電力産業は全国の大部分の地区で連結してネットが形成され、石炭産業は地質、設計、施工、選炭、機械製造、科学研究を含む比較的整った現代採炭業を形成しつつあった。1965年原油生産量が1957年比6倍余増えたばかりか、石油品種も2倍あまり増えて、国内の石油消費はほぼ自給できるようになった。また独自の石油化学工業も打ち立てた。1965

年末現在、全国石油化学工業の主要製品の生産能力は、エチレンが0.5万トン、合成ゴムが1.5万トン、プラスチックが0.3万トンであり、建設中の生産能力は、エチレンが3.6万トン、高圧ポリエチレンが3.4万トン、ポリプロピレンが0.5万トン、合成繊維が1万トン、合成アルコールが2.5万トン、合成アンモニアが10万トン、尿素が16万トンであった。

3、立地の改善

既存の沿岸部工業基地はこの期間にいちだんと充実し、強化された。例えば、東北地区は、松遼油田の開発により、既存の重工業基地は一層大きくなり、整ってきた。また例えば華東地区の冶金、石炭工業を発展させ、機械、化学工業を充実させて、重工業の基盤を作り始めた。

以前に鉱工業の少なかった広大な内陸部と辺境の各省・自治区では、規模の異なる現代的鉱工業が新たに打ち立てられた。新規建設の石炭産業が西北、西南、華東の各地区に設けられ、石炭生産が華北、東北の両地区に集中する状態が変わり始めた。したがって、中国の広大な奥地には、武漢、包頭を中心とする鉄鋼基地、山西、内蒙古、河南を中心とする石炭基地、甘粛省蘭州の石油化学工業センター、四川省成都、重慶の鉄鋼機械基地のように、少なからぬ工業基地が形成された。内陸部の鉱工業生産額の全国工業生産額に占める比率は1957年の32.1％から1965年には35％に上がった。

第三節 「文化大革命」期のエネルギー政策とエネルギー産業

一 エネルギー産業に関わった背景と方針・政策及びその影響

(一)「文化大革命」運動

1964年12月に開かれた第三期全国人民代表大会第一回会議で、周恩来総理は党中央を代表して、「あまり長くない歴史的期間に、わが国を現代的農業、現代的工業、現代的国防、現代的科学技術を備えた社会主義強国に築きあげ、世界の先進的水準に追いつき、それを追い越す」という目標を提起した。

この任務を達成するため、第三次「五カ年計画」から、二段階に分けて、

「第一段階は独立した、比較的整った工業体系と国民経済体系を確立し、第二階段は、農業、工業、国防、科学技術の現代化を全面的に実現して、中国の国民経済を世界の前列に立たせる」という構想が打ちだされた。

この構想に基づいて、「三五」期計画の作成作業がはじめられた。最初に提起された方針・任務は、「農業、軽工業、重工業の順序で建設を進め、高くない標準で人民の衣食と生活用品の需要を基本的に満たし、国防建設にも力を入れる」というものであった。だが、のちに、アメリカがベトナムでの戦争を拡大したため、中央は「戦争に備え、自然災害に備え、人民のために」という戦略的方針を打ち出した。1965年9月に提出された第「三五」期計画案も手直しされ、「内陸部建設に特に力を注ぎ、工業配置をしだいに改め、力を集中して内陸部の基礎工業と交通、運輸業をできるだけ早く建設して、初歩的な規模を備えた戦略的後方を築く」という方針が打ちだされた。

しかし、1966年に始まった「文化大革命」によって、正常な社会秩序、生産秩序がことごとく乱され、数年の努力によって作り出された調整後の良好な情勢が破壊され、国民経済はひどい混乱状態に陥った。

まず、経済の指揮・管理機構が殆ど麻痺し、国民経済は事実上無計画状態になった。また、多くの従前の経済政策・規則・制度も無視された。このほか、交通運輸が混乱し、石炭の生産も落ちた。

交通・運輸体系が麻痺状態に陥ったことから、運輸計画は達成できず、特に石炭・石油・木材・食糧などの重要物資が運び出せず、生産施設の建設や国民の生活に直接大きく響いた。例えば、1967年6月に、上海、江蘇、浙江などの華東地区に石炭を290万トン送る計画を立案したが、鉄道輸送が中断したため、計画は達成できなかった。

石炭産地は、1967年に入ってから、大掛かりな武闘が起こり、大量の労働者が生産現場を離れたことや、需要地への輸送が滞ったために、生産量が低下するばかりであった。石炭の供給が深刻となり、需要部門への供給が計画通りにいかず、在庫量は正常な回転に必要な量を下回った。冶金部門のコークス用炭は、1967年末には、9日の回転分しかなかった。同年11月、コークス用炭在庫量はわずか30余万トンだけとなった。

石炭供給が不足し、加えて鉄道輸送が不正常であったため、鉄鋼、電力などの基礎工業部門が大きな影響を受け、さらにはその他の部門までに響いた。

全国の電力部門は、電力負荷の低下により、ほとんどが送電制限措置を取っていた。1967年末、華東と東北の電力ネットワークでは、それぞれ16％、10％の送電制限をした。

(二) 初歩的な調整の施策

1、1969〜70年の調整

1969年2月、2年間中断されていた全国計画会議が全国計画座談会の形で開かれ、「1969年国民経済計画要綱（草稿）」を討議した。しかし、この年度計画の作成は、作業時間が短く、調査が不十分であった。特に極左思想を受け、「文化大革命」の「成果」を誇示するため、ほとんどの計画指標が高すぎ、当時の実情からかけ離れていた。

1970年にも2〜3月にかけて、全国計画会議が開かれて、1970年度の国民経済計画草案が討議・確定され、同年9月、党の九期二中全会で承認された。この計画では内陸部の「戦略的後方」の建設を一層早めること、地方の「五小工業」（小型の鉄鋼・機械・化学肥料・石炭・セメント工業）を積極的に発展させること、経済協業区設置の着手することなどが提起された。

2、1972〜73年の調整

1971年9月「林彪事件」で周恩来総理が党中央の日常活動を主宰することになり、一連の調整が行われた。その中で、「四五」計画要綱（草案）も調整された。調整後の計画の指標はいくらか低くなった。この新たな調整によって、1972、1973年の2年間は工業生産が次第に回復した。そして、1973年度は第一次五カ年計画期以来、成長の最も高い年となった。

(三) 「批林批孔」運動

1974年1月に煽り立てた「批林批孔」運動によって、国民経済は再び破壊され、中でも工業生産は急低下し、大部分の国家の計画指標が達成されず、しかもかなりの主要製品の生産量が前年よりも低下した。特に石炭の減産は、工業生産全体と市場供給に大きく響き、多くの企業が操業を停止するか半ば停止せざるを得なくなった。例えば、全国で990の小型合成アンモニア工場のうち、300余りの工場が石炭の供給不足で操業停止となり、減産した。鉄道輸送の影響で、山西省、河南省の石炭を適時に運び出せなくなった。同年6月には、山西省の諸炭鉱の貯炭量は195万トンに達し、うち省東部の陽泉鉱務局では43.3万トンにふくれ上がり、二か所で自然燃焼が起こった。

（四）全面的な「整頓」

1974年の経済の後退には、全国から不満の声が上がった。同年11月、毛沢東は「国民経済を発展させなければならない」という指示を出した。1975年1月、第四期全国人民代表大会が開かれ、周恩来総理が重病をおして、「政府活動報告」を行い、三期全人代で提起された国民経済発展の二段階構想を重ねて明らかにした。

四期全人代後、周恩来は病状が悪化、入院し、党中央の日常活動は鄧小平が主宰することになった。鄧小平は政治・経済・軍事・科学・文化・教育などの各分野で全面的な「整頓」を行い、「文化大革命」による混乱の収拾に努めた。

（五）「批鄧・反撃右傾翻案風」運動

毛沢東は当初、鄧小平のやり方を支持したが、鄧小平が「文化大革命」を系統的に是正するのを見るに及んで、「批鄧・反撃右傾翻案風」という運動を発動した。これを受けて、国民経済は再び挫折した。1976年の経済計画の達成状況は極めて悪かった。例えば、鉄道運輸の混乱について言えば、北京－広州線は半ば麻痺状態に陥った。そのため、同鉄道局の石炭輸送量は急減し、12の省・市では石炭が不足し、およそ中国の半分の地方が影響を受けた。多くの地区で石炭と電力の供給が不足し、多くの工場が操業停止に追い込まれ、減産した。

（六）「十カ年計画」

1976年10月、10年間も続いた「文化大革命」の動乱はようやく終わりを告げ、新しい歴史的発展の時期を迎えることになった。だが、1978年末に党の十一次三中全会が開かれるまでの2年間、国民経済は急速な回復を見せたものの、長期にわたった「左」の誤りを全面的に清算するまでには至らなかったため、経済活動でまたも新たな過ちを犯した。その当時、短時間内に世界の先進レベルに追いつき、追い越すという過去に提起された構想が引き続き強調された。具体的計画の作成に当たっては、目標達成期間が短縮された。1978年2月に開かれた第五期全国人民代表大会第一回会議での「政府活動報告」は、新しい社会主義的現代化の方向を打ち出した。その中で、例えば、今世紀末までに、主要工業製品の生産量はそれぞれ最も発達した資本主義国に近づけ、追いつき、追い越すまでにする。鉱工業生産は主要部分を自動化

し、交通・運輸は大部分を高速化し、経済技術諸指標は世界の先進的レベルに近づけ、追いつき、追い越すようにしなければならない、とした。

当時修正された1976〜85年の国民経済発展「十カ年計画」要綱は、「工業」面で、大型鉄鋼基地10、非金属基地9、大型石炭基地8、大型油田・ガス田10、大型発電基地30、鉄道幹線6、重点港湾5を含む120の大型プロジェクトを建設し、1985年の粗鋼生産量を6,000万トン（つまり第六次五カ年計画期に毎年平均500万トン増産すること）、原油を2.5億トンに達するようにするとした。このように背伸びした建設の規模と増加速度は、資源・財力・技術力・建設期間から言って不可能なことであった。

上述した「左」の誤りは、重大な結果を招いた。例えば、重工業内部では、原材料部門と加工工業との間のアンバランスが一層著しくなった。エネルギー産業とその他の工業の発展にも適応しなくなった。エネルギーの供給不足のため、多くの工場に多大な影響を与えた。発電能力の不足により、およそ20％の工業の能力は発揮されなかった。一方、エネルギー産業内部での採掘、貯蔵のバランスが崩れた。

（七）「三線建設」

「三線」とは、東北と東南沿海地区及びその内側の一線・二線に対するもので、京広線以西、長城以南の11省区を含む地域を言う。

「三線建設」は、1964年8月から「文化大革命」の開始期にかけてその第一段階がはじまった。60年代初期、党と国家は当時の国際情勢と戦争の危険性を危惧し、それに対応するため、力を集中して、内陸の建設を強化することにした。1965年4月、中央は、「三五」期計画を修正し、経済活動の重点は「食糧、衣類、日用品の解決」から「戦争への備え」に移した。「三線建設」はここから始まった。

ただ、「文化大革命」初期から1969年末にかけては、経済が混乱し、「三線建設」の大がかりな実行は困難であった。1970年から策定された「四五」期計画要綱（草案）では「三線建設」が第一の任務として挙げられた。「戦争に備える」ことが強調され、力を集中して「三線地域」に強大な「戦略的後方基地」の建設を強化し、各協力区が独自の体系をつくり、国民経済の「新しい飛躍」を促すことを要請した。「三線」における産業の立地は「大分散、小集中」の原則に基づき、大都市を形成せず、工場は「山間に設置し、分散、

隠蔽し」、特殊かつ重要な工場の重要設備やラインは洞窟の中に入れるとしている。その背景の中で、「三線建設」は、ある程度の成果を収めた。それは主に次のようなものである。
(1) 基本的に「戦略的後方」の軍需工業と科学研究の基地が建設され、そこへ工業が立地した。例えば、エネルギーについては、四川省の渡口、貴州省の六盤水などでの炭鉱が開発され、山西省での娘子關火力発電所、甘粛省の劉家峡・湖北省の丹江口などへ水力発電所が建設された。
(2) こうして、立ち遅れていた三線地区の地域経済の発展と技術水準の向上を推し進めた。

しかし、その反面、不合理な経済配置とそれへの国民への動員は、悪影響も合わせて出てきた。それは主として次のように要約できる。
(1) 三線地区以外、特に沿海地区の経済発展を犠牲にしたこと。
(2) 内陸部の建設で、軍需工業とその関連重工業の発展のみを強調し、伝統的な地元の産業や住民の生活についての振興までは考えられなかったこと。
(3) 内陸部の省・自治区に国防工業を中心とした経済体系をつくることを一方的に強要し、独自の資源に基づいた経済システムを作り上げることを制限したこと。
(4) 多くの建設プロジェクトで、「山に近く、分散し、洞穴の中」で、「探査・設計・施工を同時に進める」という方式を採ったため、巨額の浪費と損失を出したこと。
(5) 軍事優先で、その後の地域経済の発展に有効に作用しないできたこと、などをあげることができる。

二　経済とエネルギー産業の展開

動乱の続いた10年間に、幾多の曲折はあったが、国民経済は一部の分野で進展を見たのも事実である。石油を例とすれば、この10年間に多くの石油資源が確認された。大慶油田は年々大幅な増産をみ、原油年産5,000万トンの大型企業に成長し、山東省の勝利油田、天津の大港油田もある程度の規模を備えるようになった。1976年の全国の原油量は8,700トンを超え、1965年の6.7倍となった。これにともない石油化学工業も急速な発展をみた。

このほかに、貴州省六盤水、四川省の芙蓉山、山東省兗州などの大型炭鉱、及び甘粛省劉家峡、湖北省丹江口などの水力発電所が建設され、有名な湖北省葛洲壩大型水力発電所と外国から設備を導入した唐山陡河火力発電所も建設が始まった。

また、1974年には、大慶油田から河北省秦皇島に通じる中国最初の長距離送油パイプラインが完成し、続いて、秦皇島－北京、山東省臨邑－南京の送油パイプラインも完成した。

そして、この10年間の停滞がなければ、中国の経済建設がはるかに速く、大きな成果を上げていたことが想像できる。

第四節　改革・開放以後のエネルギー政策とエネルギー産業

一　エネルギー産業に関わった背景と方針・政策及びその影響

（一）新「八字」方針

1978年12月に開かれた中国共産党第十一期中央委員会第三回総会は、建国以来党の歴史に深遠な意義を持つ大きな転換点となった。総会は、「文化大革命」期とそれ以前の「左」よりの誤りを是正し、1979年から全党の活動の重点を社会主義的現代化に移すという戦略的政策を打ち出した。

1979年4月に開かれた党中央工作会議は、国民経済の「調整、改革、整頓、向上」のいわゆる「八字」方針を正式に打ち出した。この新「八字」方針の中心としては、またもや「調整」であった。この中での調整とは、長期にわたって形成されてきた国民経済の構造的アンバランスの調整であった。例えば、エネルギー産業と交通業では、ほかの産業より、立ち遅れている状況を改変することが差し迫った課題となった。

（二）「第六次五カ年計画」

1980年から策定し直された1981～85年の第六次五カ年計画は、もとの十カ年計画の中での高い指標を取り消し、内容も拡大され、名称も「国民経済・社会発展の五カ年計画」と改められ、1982年12月の第五期全人代第五回会議

で採択された。これは「一五」期計画に次いで、実際から出発し、全面的且つ具体的で、しかも公式に採択され、下達された五カ年計画であった。

　第六次五カ年計画の基本的任務は、「調整、改革、整頓、向上」の方針を引き続き遂行し、これまで経済発展を妨げてきたさまざまな問題を解決し、財政・経済状況の好転を図ることであった。この計画では、全ての経済活動は経済的効果の向上を中心とし、国民経済の長期安定成長を目指すこと、国民経済諸部門を計画的に、段取りを追って、新しい技術の基礎に移し、既存企業の技術改造を積極的に進め、エネルギー・交通・教育事業の建設を強め、経済・科学技術・社会の発展を密接に結び付けるように努めることが要求された。

　「六五」期の基本建設投資は2,300億元で、そのうち重点となるエネルギー・交通業建設の投資は、総投資の38.5％を占めた。

　1、石炭産業：5年間投資179億元で、山西省及び東北、内蒙古東部の諸地方での炭田を重点に置き、それに、河南西部、山東、安徽、江蘇、貴州諸地方での炭田も開発するというものであった。こうして、五年間に年産100万トン以上の大型炭鉱を28か所で新設し、それに中・小型炭鉱を加えて、全国炭鉱建設の規模は2.2億トンに達するというものであった。またその中では、1985年までに8,000万トンを操業に入る、それ以外は1985年以降引き続き建設する。また石炭産業の発展を速めるために、力を集中して、大型露天掘り炭鉱を先に開発する。例えば設計能力1,500万トンの山西省平朔大型露天掘り炭鉱、設計能力800万トンの元宝山露天掘り炭鉱、設計能力600万トンの霍林河露天掘り炭鉱などを建設する。また、現在採掘している炭鉱の技術改造及び中・小型炭鉱の建設を強化するというものであった。

　2、石油産業：5年間の投資総額は154億元、東北松遼盆地、渤海湾、河南濮陽地区、内蒙古二連盆地などを重点的に探査し、新疆准葛爾、青海柴達木盆地の全面的な探査及び引き続き東部石油・天然ガス田の地質探査及び海上石油の探査と開発をする。5年間に新規増加採掘能力に石油は3,500万トン、天然ガスは25億立方メートルとするというものであった。

　3、電力産業：5年間の投資額は207億元、黄河上流、長江中・上流と紅水河流域の水力資源を重点的に開発し、いくつかの大型水力発電所を建設する。例えば、湖北省の葛洲壩（271万KW）、福建省の清水口（140万KW）、青海省の

龍羊峡（128万KW）、広西壮族自治区の岩灘（110万KW）などの大型水力発電所を建設する。それと同時に石炭資源の豊富な山西、内蒙古東部、両淮、河南西部、貴州などの地域で、または電力の消費量が大きな遼寧、上海、江蘇、浙江、広東、四川などの地域で、いくつかの火力発電所を建設する。例えば、容量60万KW以上の秦嶺、錦州、富拉爾基、赤峰、淮南洛河和平、肥城、鄒県、諫壁、東莞、平頂山、盤県などの火力発電所を建設し、更に30万KWの原子力発電所を新設するなどであった。これによって、5年間に新設と継続建設ユニット容量40KW以上の水力発電所は15か所、20万KWの火力発電所は45か所、30万KWの原子力発電所1か所、それに小型発電所を加えて、全国で建設している発電所の総規模は3,600万KW、このうち、1985年末までに操業に入るのは1,290万KWとした。しかし、この計画の実現でも、経済発展によって需要を満たすことができず、計画実行の中で、できるだけ、発電所の建設を速め、同時に電力の節約を要求した。

4、交通運輸と郵便・通信：5年間の投資額は298億元で、主に鉄道と港湾の建設に向ける。1985年に、山西及び内蒙古西部、寧夏などの諸地方の石炭の域外輸送能力を1980年の7,200万トンから12,000万トンに増やし、東北地域への運炭能力を1980年の1,400万トンから2,900万トンに増やそうとするものであった。

（三）「4倍増」の目標と施策

1982年9月に開かれた中国共産党第十二次全国代表大会では、新たな党の総任務を確定した。これは、全国人民が団結して、自力更生、艱苦奮闘、段取りを追って、工業・農業・国防・科学技術の現代化を実現し、高度な民主的社会主義国家を打ち立てていこうとする基礎作りであった。その結果、この総任務を実現する戦略目標は1981年から今世紀末に至る20年間に、全国経済建設の全般的な努力目標は経済的効果を絶えず高めるという前提のもとで、全国の年間農業及び鉱工業生産総額の4倍、つまり、1980年の7,100億元から2000年の28,000億元前後に増加させることであった。この目標を達成すれば、全国の国民所得の総額と主要な農業及び鉱工業生産物の生産量は世界の前列に位置し、国民経済全体の現代化は大きな前進を見、国民の物質・文化面の生活は中程度の水準に達するというものであった。

この壮大な戦略的目標を達成するため、党中央は全国の経済状況と発展の

趨勢を全面的に分析して、今後の20年間は農業問題、エネルギー、交通問題および教育、科学といういくつかの根本的な環をしっかりとつかみ、それを経済発展の戦略的重点とすることを決定し、同時に、戦略的段取りでは、二段階に分けて進むこと——つまり、前期10年（1981～90）には主として基礎を固め、力を蓄え、条件を作り、後期10年（1991～2000）には新たな経済振興に入る——を確定した。

（四）改革・開放の深化と「整理・整頓」方針

1984年10月、党の第十二次第三回会議で、「経済体制改革に関する中共中央の決定」が採択された。この「決定」の公布によって、中国の経済体制改革は全面的展開の新たな段階に入ることを示した。この「決定」のもとで、一連の措置が取られた。例えば、請負経営責任制、株式制の試行、個人サービス業と個人企業の拡大などの企業制度を改革するほかに、計画管理体制の改革、流通体制の改革、価格体系の改革、財政体制の改革、金融体制の改革、賃金と労働制度の改革、科学技術・教育体制の改革をも提起した。対内改革の深化と同時に、対外開放の推進の方針も打ち出した。例えば、外国と合作の形でエネルギー源の開発が行われた。その中で、日本とフランスとの合作開発の鶯歌海北部湾油田は、この時期に操業を開始した。石油のほか、アメリカと合作して、山西省の平朔露天掘り炭鉱をも開発した。そのほか、日本海外協力基金のローンを利用して、秦皇島と石臼所港の改建および京秦、兗石鉄道を建設した。その結果としては、山西、山東両省の石炭の域外輸送能力は、約3,500万トン増となった。

経済体制の改革に関しては、大きな成果を上げていたものの、1986～1988年にかけて、著しいインフレーションが現れた。物価の大幅な上昇によって、国民の生活水準の下降を招く一方で、社会の安定にも影響が現れた。このインフレーションを起こした主な原因としては、経済過熱、社会的総需要が総供給を超えたからである。全国で建設している固定資産の投資項目が多過ぎ、限られた資源が主に加工工業と非生産性建設に投下され、工業生産の高速成長のもとで、エネルギー源・素材と運輸能力は一層供給不足の一途をたどっていた。

1988年9月の中共第十三次代表大会第三回会議で、整理・整頓の方針が打ち出された。この会議では、インフレーションを抑える目標を確定した。そ

の中で、固定資産の投資規模を圧縮した。しかし、エネルギー源、素材の供給不足のため、重点産業として、その建設項目を優先的に発展させると規定した。石炭産業では、統一配分炭鉱の建設を強化し、地方炭鉱を引き続き発展させる。石油産業では、新しい油田を探すと同時に、既存油田の開発を強化する。電力産業では、地方の事情によって、火電か水電かを発展させるほかに、原子力をも開発する。加工工業では、エネルギーの消耗の大きい工業を圧縮する。

(五)「第七次五カ年計画」

1986年4月に、第六次全人代大会第四回会議で正式に採択された第七次五カ年計画では、エネルギー・素材産業の発展テンポを速めると同時に、一般加工業の生産の伸びを適度に抑え、両者の関係を逐次バランスのとれたものにすると強調した。全人民所有制企業の基本建設において、エネルギー・交部門の投資が占める割合は、「六五」期に34.4%だったのが、「七五」期には37.4%に引き上げられる。また、基本建設投資の部門別構成において、中央の諸部門の行なう投資は3,750億元で、そのうちエネルギー産業が1,176億元で、投資総額に占める割合は「六五」期に22.4%だったのが、「七五」期には23.5%に引き上げられることとした。

投資の地域的配置については、既存企業の技術改造と改築・拡張のための投資の重点を東部沿海地帯に置く一方、エネルギー・素材関係新規工事の投資の重点を中部地帯に置き、西部地帯の開発準備を積極的に進めることとした。

1、**石炭産業**：1990年の全国の石炭生産量は10億トンで、1985年より1.5億トン増やす。また、5年間の炭鉱建設規模は3.18億トン、うち完工して操業に入るものは1.67億トンである。具体的地区には、華北地区では、建設規模が11,150万トンで、完工し操業に入るものが7,085万トン、東北、内蒙古東部地区では、建設規模が6,565万トンで、完工し操業に入るものが3,686万トン、華東地区では、建設規模が6,296万トンで、完工し操業に入るものが2,626万トン、中南地区では建設規模が2,026万トン、西南地区では1,050万トン、西北地区では1,665万トンであることとした。

2、**石油産業**：1990年の全国原油総生産量は1.5億トンで、1985年より2,500万トン増やす。天然ガスの生産量は150億立方メートルで、1985年より

21.4億立方メートル増やす。5年間に新規に増加する原油の採掘能力は6,000万トン、同じく新規に増加する天然ガスの採掘能力は30億立方メートルであることとした。

3、電力産業：1990年の全国の発電量は5,500億KWHで、1985年より1,427億KWH増やす。5年間の発電所建設総規模は6,000～6,500万KWで、うち水力発電が1,880万KW、完工して操業を開始する発電設備は3,000～3,500万KWで、うち水力発電が800万KWであることとした。

主な石炭生産地区と沿海地区・電力需要の大きい地区に一部の火力発電所を建設すると同時に、黄河の上流、長江中流・上流のおよび紅水河流域の水力資源開発に力を入れて、若干の大型水力発電所を建設する。さらに、原子力発電所を重点的に、段取りを追って建設するというものであった。

そのほかに、エネルギーの節約と燃料用石油の圧縮および農村のエネルギー利用も取り上げて、その目標などを規定した。

二　エネルギー産業の展開

80年代以降は、中国のエネルギー産業が大いに発展した。その特徴としては、以下の2点が上げられる。

（一）石炭と電力の比率上昇、石油・天然ガスの比率下降

エネルギー生産総量は、1980年の63,735万トンから1994年の118,729万トン（標準炭）に増え、増加率は86.29％であった。その構成では、石炭は69.4％から74.6％に、水力発電は3.8％から5.8％に増えたが、これに対して、石油は23.8％から17.6％に、天然ガスは3.0％から2.0％に減った（表1-5）。

石炭がエネルギー源に占める割合は、1949年の96.3％から徐々に減少し、1980年には70％を割り込んで、最低の値となった。「六五」期には、石炭に力を集中して、重点的なエネルギー源として開発した。

（二）石炭・エネルギー基地の重点的な建設と強化

80年代の当初、経済建設に重点が置かれたため、エネルギーの消費量の増加が予想され、また石油の保有埋蔵量が少ないため、石炭の開発は再び注目された。そこで、石炭の保有埋蔵量が国内で最も多く、エネルギー資源が乏しい沿海地区にも比較的近い山西省を中心に重点的にエネルギー基地の建設

表1-5　エネルギー生産量と構成比の推移（単位：万トン標準炭）

年次	エネルギー生産量	構成比（％）			
		石炭	石油	天然ガス	水力発電
1949	2,374	96.25	0.72	0.04	2.99
1952	4,871	96.7	1.30	---	2.0
1957	9,861	94.9	2.10	0.1	2.9
1962	17,185	91.4	4.80	0.9	2.9
1965	18,824	88.0	8.60	0.8	2.6
1970	30,990	81.6	14.1	1.2	3.1
1975	48,754	70.6	22.6	2.4	4.4
1978	92,770	70.3	23.7	2.9	3.1
1980	63,735	69.4	23.8	3.0	3.8
1985	85,546	72.8	20.9	2.0	4.3
1990	103,922	74.2	19.0	2.0	4.8
1994	118,729	74.6	17.5	2.0	5.8

出所：国家統計局、「中国能源統計年鑑・1991」、中国統計出版社、p.81

と強化が提起された。各省・市の石炭産業の、全国の基本建設投資総額（全人民所有制）に占める比率から見ると、山西省だけで18.75％に達した。

「七五」期には、国家の重点建設項目306のうち、完工し操業に入ったのは121事業所で、その中に、山西省の大同・古交、河北省の開灤、山東省の兗州炭鉱、総容量271.5万KWの湖北省の葛洲壩水力発電所、青海省の龍羊峡水力発電所、山西省の大同第二発電所一期工事、上海の石洞口第一発電所、その他6本の50万ボルト超高圧送変電工事、秦皇島石炭港整備の三期工事などが数えられる。

1994年度の一次エネルギー生産量は11.9億トン（標準炭換算）になり、1952年のそれと比べると24.4倍に増えた。そのうち、原炭は12.40億トンで、18.8倍、石油は1.46億トンで、332.0倍、天然ガスは175.60億立方メートルで、2,194.9倍、発電量は9,281億KWHで、127.1倍（うち水力発電量は1,674億KWHで、128.8倍、火力発電量は7,607億KWHで、126.8倍）であった（表1-6）。

各時期におけるエネルギー生産量の年平均成長率は、1950年～1990年の間に、原炭9.0％、石油18.8％、天然ガス20.6％、発電量12.9％などそれぞれ増

表1-6　種類別エネルギー生産量の推移

年次	原炭 （億トン）	原油 （万トン）	天然ガス （億M^3）	発電量 （億KWH）
1949	0.32	12	0.07	43
1952	0.66	44	0.08	73
1957	1.31	146	0.70	193
1962	2.20	575	12.10	458
1965	2.32	1,131	11.00	676
1978	6.18	10,405	137.30	2,556
1980	6.20	10,595	142.70	3,006
1985	8.72	12,490	129.30	4,107
1990	10.80	13,831	152.98	6,212
1994	12.40	14,608	175.59	9,281

出所：国家統計局、「中国能源統計年鑑・1991」、中国統計出版社、p.83、pp.86〜88
　　　国家統計局、「中国統計年鑑・1995」、中国統計出版社、p.412

えた[1]。

　総じて、80年代のエネルギー産業は、著しい発展を遂げたものの、国民経済の高速発展によって、エネルギー供給不足の問題の解決には至らなかった。エネルギー生産弾性値は1978年以前の各五カ年計画期にほぼ1.0以上を示したが、改革以来次第に低下し、「六五」期はわずか0.61であった。「七五」期はさらに0.53まで下がった[2]。1994年に至っても余り上がらず、わずか0.53となっていた[3]。

注：

1) 国家統計局、「中国能源統計年鑑・1991」、中国統計出版社、pp.89〜90
2) 国家統計局、「中国能源統計年鑑・1991」、中国統計出版社、p.8
3) 国家統計局、「中国統計年鑑・1995」、中国統計出版社、p.206

第二章　中国の石炭産業における山西省の位置づけ

第一節　中国のエネルギー産業における石炭の地位

　以上で明らかになったように、中国のエネルギー産業は、国民経済の中で、最も重要な地位を占めてきた。特に改革・開放以来、今世紀中に「四つの現代化」の実現、国民生産総額の「4倍増」の戦略目標が打ち出され、これを達成するためには、エネルギーの増産が今後の経済成長のカギを握っている。中国では、比較的高い経済成長を続けているが、長い間のエネルギー供給の不足は、国民経済と国民の生活に深刻な影響を与え、経済発展のボトルネックとなってきた。エネルギー弾性値は経済成長率に見合う1程度が必要といわれているが、改革・開放初期から長い間、エネルギー弾性値は毎年1以下であった。特に経済がより発展している沿海や南方では、著しく不足していた。そのため、エネルギー不足問題の解決は差し迫った課題であった。

一　エネルギー構成から見た石炭の地位

　前にも述べたように、中国のエネルギーは、生産も消費も石炭が中心である。図2-1は、エネルギー消費の燃料別構成を示したものである。1952年においては96.7%を石炭に依存していた。石炭消費のシェアは、1970年になると80.9%、1980年には72.2%にまで低下したが（建国以来の最低は1976年の69.9%）、これは当時油田開発が活発に推進されていたからである。石油消費のシェアは1970年から1980年にかけて14.7%から20.7%へと急上昇してい

る。その後、政府のエネルギー政策の転換によって石炭生産重視の方向が示されたために、80年代後半には石炭消費のシェアは76%にまで回復している。90年代に入ってから、水力などの増大により石炭消費のシェアはやや落ち着いている。1997年には71.5%に達している。

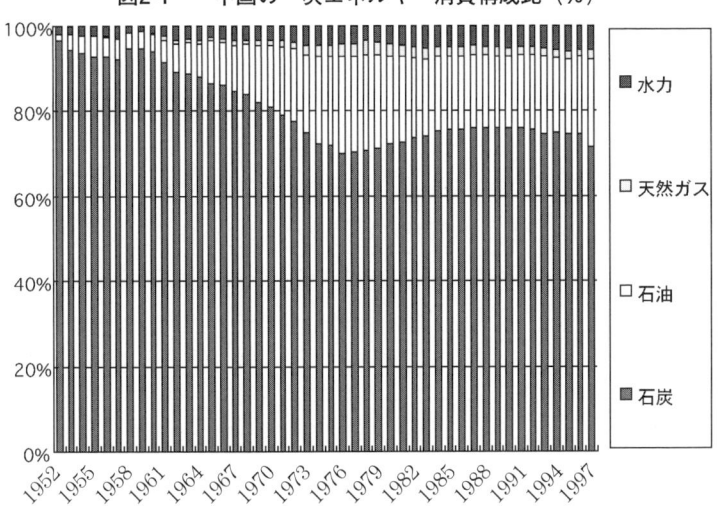

図2-1　中国の一次エネルギー消費構成比（%）

出所：国家統計局、「中国能源統計年鑑」、中国統計出版社、各年版、
　　　国家統計局、「中国統計年鑑・2000」、中国統計出版社、より作成

二　エネルギー資源の賦存状況から見た石炭の地位

　中国においては、エネルギー源の中で、石炭と水力資源が相当に豊富である。水力については保有量が6.8億KWで、世界一とされるが、その80%が交通の不便な、しかも経済発達してない西南、西北地区に分布し、開発、利用が困難である。現在の水力発電の規模はまだ小さいし、その建設は周期が長いし、投資も多いため、国の財力、物力、技術力によって逐次に開発するしかない。

　石油については、理論的埋蔵量が400〜500億トンとされたが、探査で明ら

かになった保有量はわずか10余億トンであった。既存の大型油田は老年期に入っているものが多く、大幅な増産は困難である。国内最大の油田である大慶油田（全生産量の半数近くを占める油田）は枯渇しつつあると伝えられる。中国では、今後大量の発見がない限り、今の毎年1億トン余の生産量を維持することも困難である。天然ガスも石油と同様に生産量の大幅な伸びは望めない。また、外国から石油の大量な輸入は外貨の欠乏などによって考えにくい。

原子力について、ウラン資源の保有量が多いとされたが、品位が低く、埋蔵深度が深く、開発のコストが高くつくため、当分の間大量の利用は難しい。

こうして、結局石炭が脚光を浴びることになった。中国において石炭埋蔵量は圧倒的に多い。理論的埋蔵量は4兆トンと予測され、世界の1/3近くを占めている。しかも、保有埋蔵量は6000余億トンで、大量の開発・利用が可能である。1987年末の世界における中国の石炭可採埋蔵量のシェアは56.8%にも及び、1990年の可採年数（可採埋蔵量／1990年生産量）が572.9年と、驚嘆すべき長さである（図2-2）。一方、石油に関しては、中国の確認埋蔵

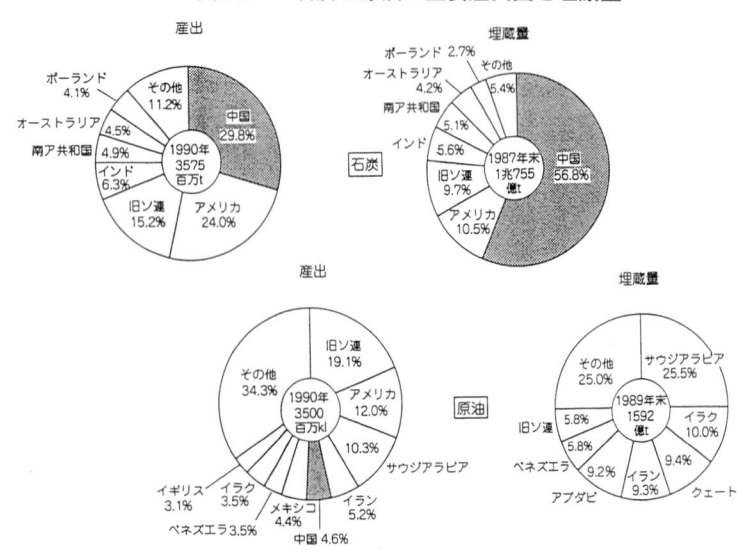

図2-2　石炭と原油の主要産出国と埋蔵量

出所：渡辺利夫・白砂堤津耶、図説中国経済、日本評論社、1993、p.114

の世界におけるシェアはわずか2.4％（1989年末）であり、可採年数も23.7年である。したがって、中国のエネルギーでは、大きな変化がない限り、石炭を主とする方向が変わらないことははっきりしている。

第二節　中国の石炭産業における山西省の位置づけ

一　概　観

　山西省は晋と称し、華北地区の西部、太行山と黄河の間に広がる山西高原に位置し、中西部地区の玄関口に当たる（図2-3）。そこは、黄土高原の主要な構成部分のひとつで、黄土が広く分布している。全土の面積15.6平方キロメートルのうち、山地が36％、丘陵が44％、平野が20％である。山西省は資源の大省とも呼ばれ、エネルギー、鉱物資源は豊かである。鉱物資源については120種類あまりが発見され、55種類は埋蔵量が推定されている。特にボーキサイト、鉄ボーキサイト、珍珠岩、ガリラム、沸石は全国一である。また、ルチル、マグネシア塩、硫酸ナトリウム、カリ長石、チタン、鉄、溶剤石灰石、石膏、コバルト、銅などの埋蔵量も全国の上位にある。このほか、石炭や耐火粘土などにも恵まれている[1]。

　「石炭の海」と呼ばれる山西省は、石炭の確定埋蔵量は2,624億トン（1994年）[2]に達している。山西省の石炭は資源的に豊富で、種類もすべてそろい、品質も優良である。しかし、1949年当時、全省の石炭生産量はわずか270万トンであった。それから1978年にかけて、毎年平均で329万トンが増加した。その後、経済の急激な発展のため、国からはエネルギー産業をより加速化させる方針を打ち出された。それゆえ、石炭の埋蔵量が豊富で地理的位置が有利な山西省は大いに発展する局面を迎えることになった。1994年省内の石炭生産量は32,397万トンに達し、1949年のそれより120倍以上も増加した。1949～94年の間、山西省は合計45億トンを上回る原炭生産量を上げ、そのうち山西省域外に移出された原炭は26億トン以上で、その移出先は全国の26省、市に及び日本、イギリス、フランス、イタリア、バングラデシュなどの国にも輸出されている。山西省の石炭産業は大いに発展し、全国的にも意義のあ

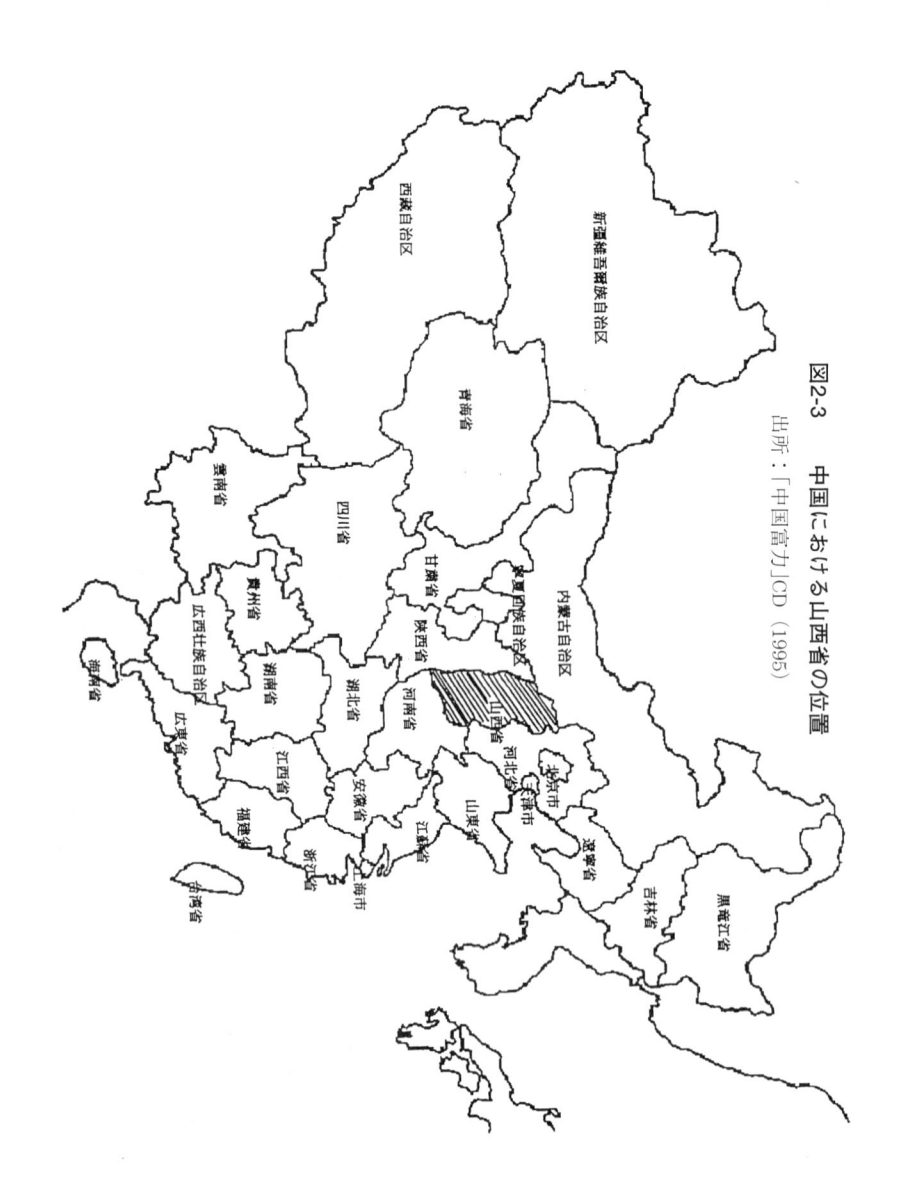

図2-3 中国における山西省の位置
出所:「中国富力」CD(1995)

第二章　中国の石炭産業における山西省の位置づけ　39

図2-4　山西省の行政区分

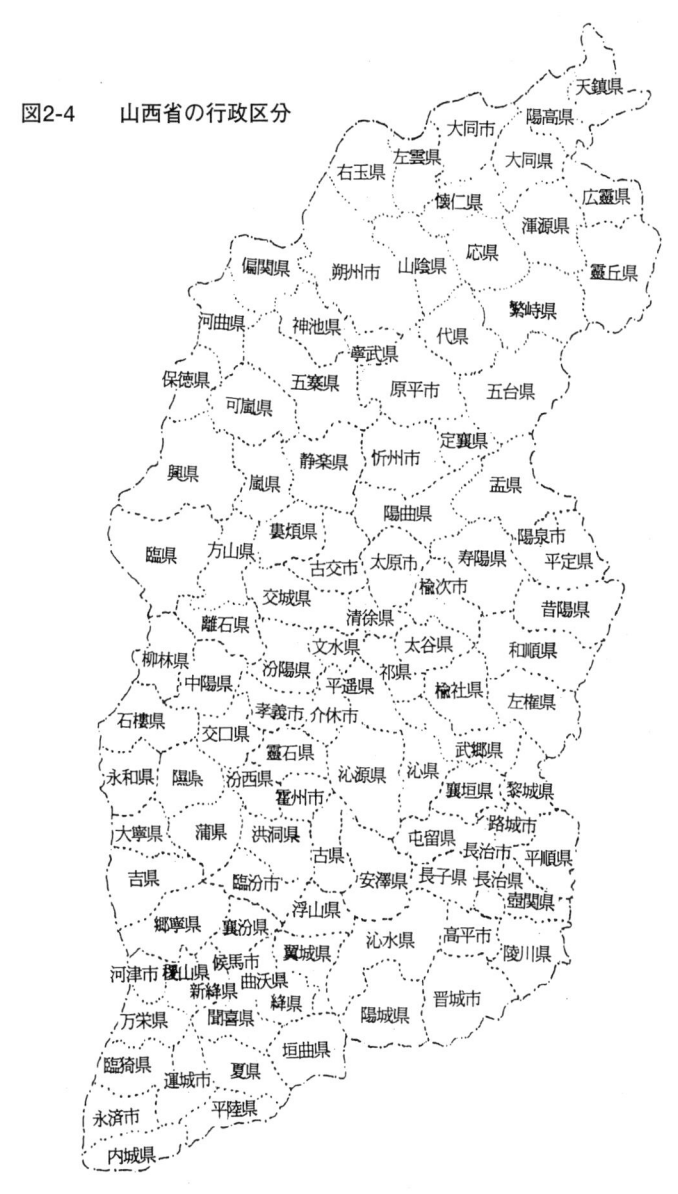

出所：1）県・市の境界は、「山西国土資源」、p.171の図よる
　　　2）県・市名は、「山西統計年鑑・1995」による

る部門となっている。

　山西省は古くから数千年にわたって、絢爛たる古代文明の三晋大地としてその名を知られてきた。現在は、重要なエネルギー・重化学基地として再び注目を浴びている。1995年現在、省内の総人口は3,077万人、1平方キロメートル当りの人口密度は197人である。行政区分は忻州・呂梁・晋中・臨汾・運城の五つの地区と太原・大同・陽泉・朔州・長治・晋城の六つの省轄市を管轄し、その下に118の県（市）・区（市轄市街区を含む）を設けている。省都は太原である（図2-4）。

　山西省の1995年のGDPは1,093億元に達し、1978年と比べて、11.4倍増加した。現在、石炭・電力・機械・冶金・化学などの主要産業部門として、特色のある産業体系が形成されている。社会基盤としての交通は、鉄道・道路を主とし、空路・水路を補助とする強大なネットワークが形成されている。1996年6月25日には、全長144キロメートルの太旧高速道路が全線開通した。これは省内の初の高速道路である[3]。

　本省で今後の発展課題としては次の3点が考えられる。
(1) 発展の過程で、全国とりわけ沿海の各省・市との格差が拡大した。1978年から1995年の間に、山西省の一人当りGDPの全国順位は10位から18位に後退した。
(2) エネルギー・重工業・化学工業中心の産業構造は経済発展に貢献したが、社会主義市場経済の発展に伴い、産業構造の問題による停滞が顕著になってきている。
(3) 環境汚染が深刻である。産業構造を見ると、エネルギー消耗が高く、汚染程度の高い電力・冶金・化学・石炭及びコークス製造・建築材料の六つの業種が80％以上を占めている。これらの資源集約型の工業は老朽化した設備、遅れた技術、低い管理レベルなどの要因も加わり、汚染問題を更に深刻なものとしている。

　これらの問題は、大きな研究課題となっている。本研究だけでは解決策を提示することは不十分ではあるが、この石炭を中心とする地域の資源開発の展開過程を明らかにすれば、ひとつの切り口ではないかと考えられる。もし本研究が、これらの問題の形成要因を解明する一助となれば幸いである。

二　石炭産業の位置づけ

　山西省では、石炭資源が豊富で、開発コストが低いという優位性は過去の長い間にあまり十分に利用されなかった。それどころか、「北の石炭を南に運ぶ」状態を転換させようと提起され、山西省への投資を大幅に削減した。より多くの資金が、石炭資源が極めて欠乏し、石炭鉱業の基盤が頗る弱い地区に投資された。その結果として、大量の石炭がそのまま地下に埋蔵されたままで、全国のエネルギー供給不足が一層ひどくなった。改革・開放以前の30年近くの間、山西省の石炭産業の成長率は、全国の工・農業平均成長率より低かった。特に、「三五」期に全国工業生産総額は年平均11.7％増であったが、山西省の石炭産業のそれはわずか5.4％であった。また、第四次五カ年計画期にはそれぞれ9.1％、7.8％であったが、山西省の場合はいずれも全国より低かった[4]。

（一）石炭鉱業の主要な指標

　1990年石炭採掘業の主要な経済指標については、山西省の石炭企業が1,714で、年末の従業人数が77.15万人、固定資産投資が320,725万元、工業生産総額が96億元、固定資産原値が200.6億元であった。それらの全国に占める割合はそれぞれ17.8％、12.8％、20.5％、21.0％、18.8％となった。すなわち、従業人数を除いて、大体全国の1/5～1/6とかなり高い比重を占めるに至った。

（二）石炭産業の建設

　1985、1990年の石炭採掘業基本建設投資額及び拡張・更新改造額（表2-1）では、山西省は全国の20％前後の高い比重を占めていた。また、建国以来各時期における基本建設新規増加の石炭採掘能力については（表2-2）、山西省の全国に占める比率から見ると、「一五」期は15.2％であったが、その後の約20年間を通して、山西省の石炭開発はあまり重視されなかったため、ほぼ10％前後に落ち込んでいた。改革・開放以来、山西省は全国の石炭・エネルギー基地として重視され、その比率は大幅に増加し、「六五」期には24.4％に達した。以前と比べると、2倍以上に増えたことになる。そして「七五」期には、さらに28.4％まで上がってきた。すなわち、その時期に、全国石炭

採掘能力の増加の1/4以上は山西省に集中したことがわかる。

表2-1　山西省の石炭採掘業基本建設及び拡張・改造投資額と全国の比較

		山　西		全　国	
		投資額（万元）	比重（%）	投資額（万元）	比重（%）
基本建設	1985年	126,336	22.93	551,110	100.00
	1990年	192,022	19.43	988,206	100.00
拡張・改造	1985年	50,903	20.99	242,510	100.00
	1990年	114,658	24.13	475,101	100.00

出所：国家統計局、「中国能源統計年鑑・1991」、中国統計出版社、p.32とp.43より整理

表2-2　山西省各時期基本建設新規増加石炭採掘能力と全国との比較

単位：万トン

		一五期	二五期	1963～1965	三五期	四五期	五五期	六五期	七五期	1953～1990
全国		6376	9676	2155	6915	8121	6493	8127	12694	60557
山西	新増能力	969	822	210	560	831	780	1982	3611	9765
	全国の%	15.2	11.8	9.7	8.1	10.2	12.0	24.4	28.4	16.1

出所：国家統計局、「中国能源統計年鑑・1991」、中国統計出版社、p.57より整理、算出

（三）石炭の生産と域外輸送

　山西省の石炭の生産量は、1949年にはわずか267万トンであったが、1994年には20倍以上増の32,397万トンに達した（図2-5）。全国に占める比率は1949年の9.38％から1990年の26.48％に増えた。また、山西省で生産された石炭は、

第二章　中国の石炭産業における山西省の位置づけ　*43*

図2-5　山西省原炭生産量の推移（万トン）

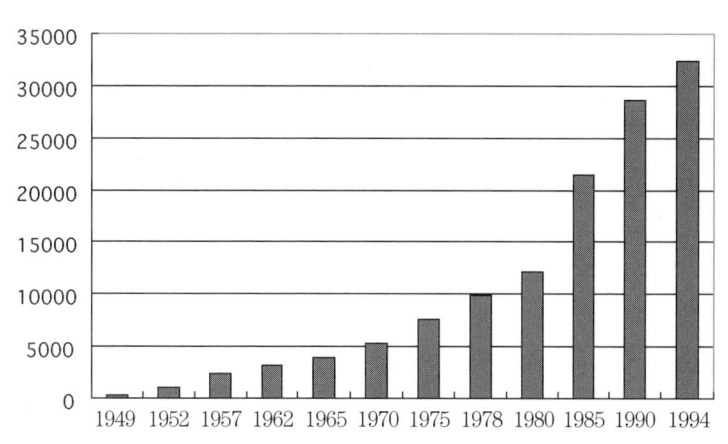

資料：山西省統計局、「山西統計年鑑・1995」、中国統計出版社、1995、p.278

図2-6　山西省の原炭生産量と搬出量の比較（万トン）

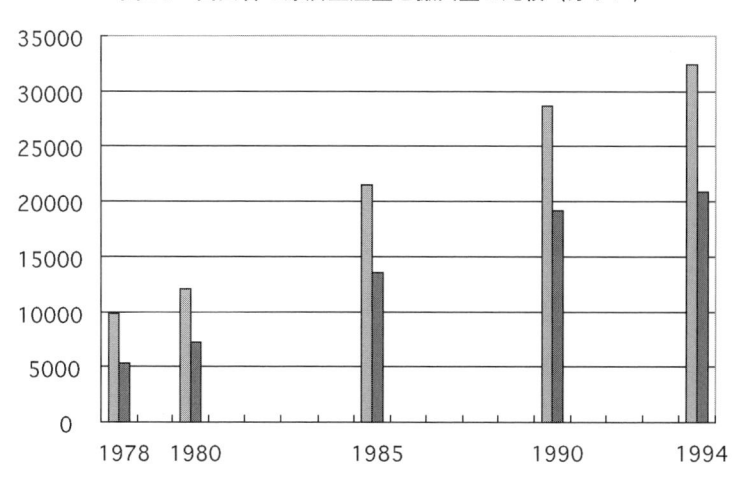

資料：山西省統計局、「山西統計年鑑・1995」、中国統計出版社、1995、p.167、p.278

全国で山西省以外の29の省・市のうち25の省・市に供給されているほか、外国への輸出もされている。その域外への輸送量は、年々増えており、1978年の5,270万トンから1994年の20,868万トンに達し、全省生産量の約2/3を占めている（図2-6）。1978年から1994年にかけて、合計29,247億トンの石炭を域外に輸送したことになる。山西省石炭の域外への輸送量は全国の省間の域外への輸送量の75～80％を占めている。すなわち、山西省の石炭の域外輸送は、全国経済高度成長の支えとなり、大きな貢献をしてきた。特に、東部沿海省・市へのエネルギー供給に決定的な役割を果たしたと言える。90年代に入ってから、全国のエネルギー供給不足の状況は多少緩和されたものの、全体から見れば、エネルギーの需要量は年々増えており、山西省の石炭の地位に変わりはないと思われる。

三　「山西石炭・エネルギー・重化学工業基地」建設の意義[5]

中国では、80年代に入って、石炭供給の確保のため、「山西石炭・エネルギー・重化学工業基地」建設が正式に提起された。それは、中央政府の重大な戦略政策である。

中国では、石炭資源が豊富であるが、その埋蔵量の分布は極めて不均衡で（図2-7）、華北地区が全国の60％を占めている。「基地」の設立初期の1980年に、石炭の生産量が比較的多かったのは、遼寧省、黒龍江省、河北省、山東省などの炭鉱であったが、すでに採掘後期に入ったため、その量は次第に減少している。採掘規模を拡大できる地区としては、内蒙古の東北部、西南部、山東の南部、両淮と山西省であった。これらの地区で比べれば、内蒙古の東北部は埋蔵量が多いものの、主に発熱量の低い褐炭である。山東南部と両淮地区は、エネルギー源が著しく欠乏している華東地区から近いものの、埋蔵量が少なく、埋蔵深度が深くて、開発コストが高くなる。内蒙古の西南部では、埋蔵量は比較的多いが、位置が西部に偏っているため、輸送が困難である。

ただ、山西省では、石炭の埋蔵量は最も豊富で、保有埋蔵量が全国の約1/4を占めている。また、石炭の種類も豊富で、品質が優れており、埋蔵深度もわりに浅い。更に、中国の中部地帯に位置し、中原地区、京津唐地区に近いため、石炭の域外への運送が便利である。したがって、山西省の石炭の

採掘コストが低いという利点もある。特に、エネルギーの供給量が不足し、基本建設投資に限りがあった80年代およびその後の長い間、石炭を増産しようとすれば、石炭資源が集中している山西省を中心とする地区の開発が必要不可欠であった。また、経済目標を達成するため、石炭生産目標は1995年に12.3億トンで、2000年に14億トン前後としているが、新規増加分の80％以上は山西省を中心とする地区に頼ろうとしている。したがって、山西省石炭・エネルギー・重化学工業基地の建設が非常に重要な意義を持っている。

図2-7　全国省別石炭埋蔵量分布図

出所：閻長楽主編、「中国能源発展報告」、p.23、経済管理出版社、1994

注：
1)「中国富力」CD、1995
2)「山西統計年鑑・1995」、p.5
3)「中国富力」CD、1995
4) 山西省社会科学院等(1984)：「山西能源重化工基地総合開発研究」、p.11より
5) 石炭エネルギー基地は、中央、地方政府によって指定された「石炭・エネルギー生産コンプレックス」と呼ばれる生産拠点で、この場合、「山西省全域」がそれに当たる。

第三章　山西省の石炭産業と
　　　　その地域的展開

第一節　山西省の石炭資源

一　主要炭田の概況

　山西省は、炭田の面積が広く、石炭資源は豊富である。中でも大同・寧武・西山・沁水・霍西・河東が6大炭田とされ、その他、渾源・五台・垣曲・平陸・繁峙など数か所が中・小炭田とされている。省内の石炭埋蔵地域の面積は、5.7万平方キロメートルに達し、総面積15.6万平方キロメートルの36.5％を占めている。そのうち、6大炭田の面積は、石炭埋蔵地域面積の割合は99％である。炭田の分布範囲は85の県、市に及ぶ。そのほか、予測によると、右玉・芮城・臨猗県などの地区にも石炭の賦存する可能性がある。

　各炭田の炭層は石炭紀、ペルム紀、ジュラ紀、下第三紀という四つの時代のものである。その中でも、最も重要なのが、石炭紀、ペルム紀の炭層で、次にジュラ紀炭層で、下第三紀は零細に分布している。

　（一）大同炭田

　省域北部の大同市の西南部に位置し、左雲・右玉・山陰・懐仁などの諸県に広がっている。炭田の総面積は1,827平方キロメートルで、その中にジュラ紀の炭層の面積が772平方キロメートル、石炭紀・ペルム紀の炭層の面積が1,739平方キロメートルで、これらの重なる面積は684平方キロメートルである。炭種から見ると、上部には弱粘結性のボイラー用炭で、下部には粘結性

のガス用炭である。埋蔵深度は一般に600メートル以浅で、且つ炭層は安定し、底部、頭部ともに硬く、ガス含有量も少なく、湧水量も少なく、開発条件が優れている。現在の開発主体は、大同鉱務局などである。

　（二）寧武炭田

　寧武炭田は、省の北部に位置し、平魯・朔州・原平・嵐県・静楽などの県境にわたる。大型の平朔露天掘り炭鉱はこの地区に属する。炭種は主に石炭紀、ペルム紀の炭層である。こうした中で、ジュラ紀の炭層は薄く、埋蔵量も少ないため、開発の価値が小さい。炭田の面積は2,761平方キロメートルである。炭種は主にガス用炭で、その次はコークス炭である。本区北部の平魯・朔州・陽方口・軒崗・嵐県などで炭層が割合浅く、開発条件が良い。そのほかの地区は炭層が深く、しかも地質構造が複雑で、開発条件が相対的に悪い。現在の開発主体は、軒崗鉱務局などでである。

　（三）太原西山炭田

　省域の中部に位置し、太原市・清徐・文水・交城・婁煩などの県・市にまたがる。建設中の大型古交炭鉱はこの炭田に属する。主に石炭紀・ペルム紀の炭層からなり、面積は1,599平方キロメートルである。西山炭田は、多品種の炭田で、上層は微粘結性の煙炭であり、下層は無煙炭と半無煙炭で、多方面の需要を満たすことができる。炭田の東北部及び北部、東南部で炭層が浅く、開発条件に恵まれている。現在の採炭事業は、西山鉱務局などの手になる。

　（四）沁水炭田

　省域の東南部、太岳山以東の広い地区に展開している。太原東山・寿陽・昔陽・和順・左権・武郷・沁県・沁源・襄垣・長治・高平・晋城・陽城・安澤・翼城などの県域に亙っている。石炭紀・ペルム紀の炭層に属する。面積は29,480平方キロメートルで、省内で最も大きい炭田である。このように大量に集中した炭田は、世界でも希である。そこで、埋蔵深度1,000以浅の面積は、13,000平方キロメートルに達している。炭種は、無煙炭・ガス用炭・コークス炭がある。炭田の中心部で炭層が深く、開発は難しいが、周辺の地域に開発条件が比較的良い炭層がある。現在の開発主体は陽泉、潞安、晋城などの鉱務局である。

　（五）霍西炭田

省域の西南部に位置し、汾陽・孝義・介休・靈石・汾西・蒲県・霍県・洪洞・臨汾・襄汾などの県域に亘っている。石炭紀・二畳紀の炭層に属する。面積は3,961平方キロメートルで、埋蔵深度は600メートル以浅である。炭種は主にガス用炭であり、コークス炭は炭田の南、北両端に分布している。炭田の西南部は交通が不便で、大規模な開発は困難である。現在の開発主体は、汾西・霍県などの鉱務局で、それぞれ炭田の北部・中部に担当している。

(六) 河東炭田

省域西部の黄河以東の地域で、南北に細長い分布をしている。北から南へ河曲・興県・臨県・離石・柳林・中陽・蒲県・大寧・郷寧などの諸県域境に亘っている。石炭紀・ペルム紀の炭層に属している。炭種は主にガス用炭・コークス炭で、炭田面積は16,900平方キロメートル、埋蔵深度は1,200メートル以浅の上部のみで4,600平方キロメートルだけである。本炭田は省域の西部に位置しているため、交通が不便で、離石・中陽・柳林・臨県・郷寧などの諸県の近辺以外には、探査もまだ及ばないところもある。

以上の6大炭田のほかに、渾源・五台・平陸・垣曲・繁峙など各地の産炭地では、現在各県・郷・村単位で中・小炭鉱が開発されている。

図3-1は、山西省の炭田と主要炭鉱(鉱務局)別生産量を示したものである。

二 石炭の質量とその利用

(一) 炭種とその分布特徴

山西省は、石炭資源の炭種が完備し、褐炭から無煙炭まで全て揃っており、地域分布でも規則的である。その中で、コークス炭は、省内総埋蔵量に占める比率が約58%、無煙炭は約25%でこれに次ぎ、弱粘結炭と貧炭の割合は少なく、褐炭はさらに少ない。

山西省の石炭の変質程度では、大体北緯38°(即ち、陽曲－盂県の東西方向構造線)を境にして、北部は低変質炭を主として、変質程度が低く、品質が単一である。例えば、大同炭田の石炭紀・ペルム紀炭種は主にガス用炭で、ジュラ紀の大同組は単一の弱粘結炭である。寧武炭田のジュラ紀炭はガス用炭に属し、石炭紀・ペルム紀炭はガス用炭、コークス炭を主としている。総じて、山西省の北部では低変質炭を主しており、中程度の変質炭は少ない。

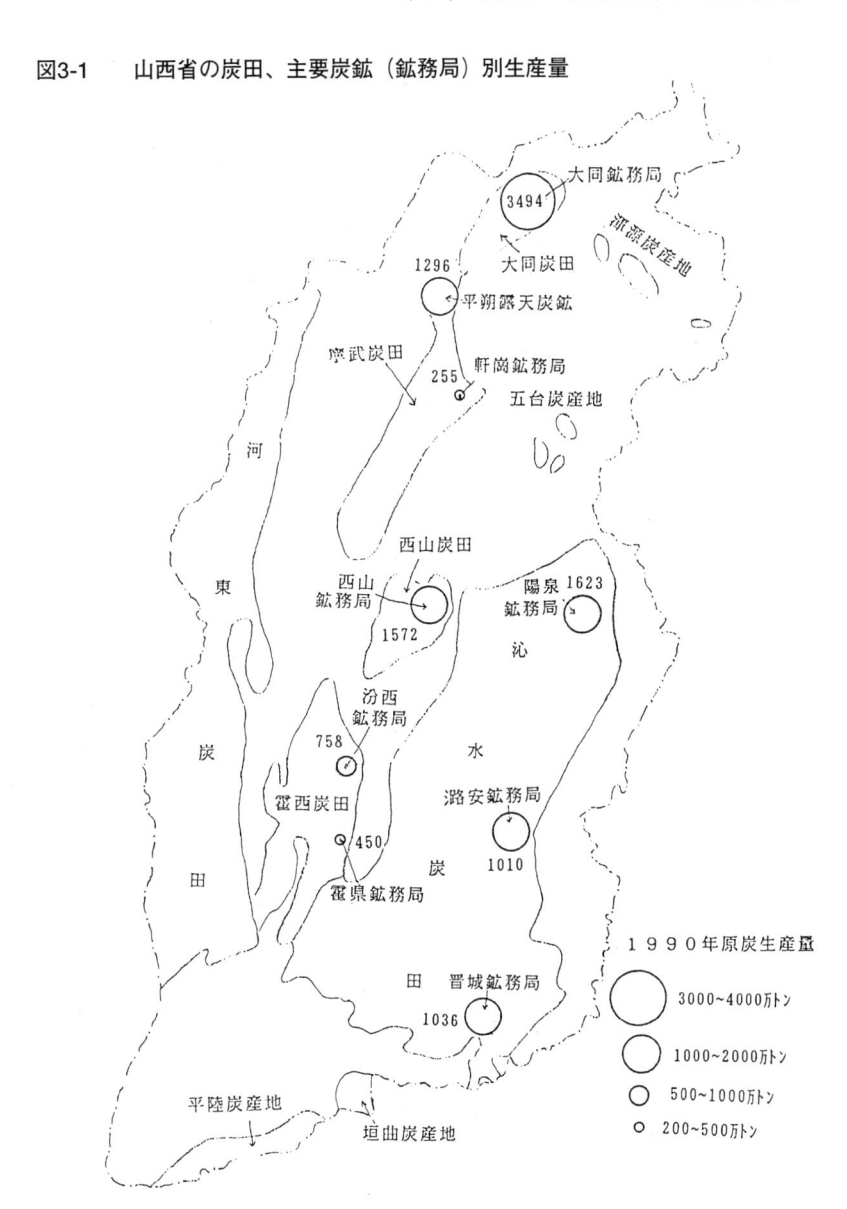

第三章　山西省の石炭産業とその地域的展開　49

図3-1　山西省の炭田、主要炭鉱（鉱務局）別生産量

出所：「山西国土資源」編写組、「山西国土資源(上冊)」、1985、p.167
　　　「山西工業経済」編集委員会、「山西工業経済」、山西経済出版社、1993、pp.583

山西省の中部、陽泉から太原西山を経て、離石への線を境にして、その東部の陽泉・太原・清徐・交城は無煙炭であり、西側の離石の辺りは中変質のコークス炭が卓越する。呂梁山－霍山の間の霍西炭田では、靈石・霍県の辺は中変質炭で、その大部分はコークス炭及びガス用炭に属している。一方、北部の孝義・汾陽地区ではコークス炭となる。また、沁水炭田は変質程度がやや高く、北部の寿陽－陽泉－昔陽と南部の高平－晋城－陽城－翼城を結ぶ地区は無煙炭で、高変質炭帯に属しているが、中部の古県－武郷の一帯はコークス炭で、中変質帯に属している。

　こうして、上述のように、山西省では、石炭の変質程度と炭種の分布はある程度の規則性を持っている。即ち、山西省での石炭の変質程度は北部より南部が高い。炭種の分布から見ると、河東炭田の中部・霍西炭田・太原西山炭田・寧武炭田はコークス用炭を主とし、重要なコークス炭基地なっている。北部の大同炭田は弱粘結炭を主とし、重要な動力炭基地となっている。沁水炭田の東北部の陽泉・高平・晋城・陽城等では無煙炭を主とし、重要な民用炭と化学工業用炭基地となっている。

（二）石炭の質量指標

1、粘性

　石炭の粘性については、コークス用炭が最も高い。これは霍西炭田の靈石、孝義などに分布している。次に、良好な冶金用炭に使うコークス炭が、太原西山炭田の古交・河東炭田の郷寧などに分布している。粘性に弱いガス用炭は大同炭田と寧武炭田北部などに分布する。

2、発熱量

　山西省の石炭の発熱量は、7,600～8,600千カロリー/kgの間にある。省域北部の大同炭田の弱粘結炭は、7,600～8,000千カロリー/kgで、省域の南部と東部に位置する晋城・陽泉の無煙炭の発熱量は、8,000～8,600千カロリー/kg程度である。

3、有害成分

　1）硫黄：ジュラ紀と二畳紀の炭層の石炭が低硫炭に属しているのに対して、石炭紀の炭層の石炭は中硫炭に属している。

　2）灰分：ジュラ紀の炭層の石炭は低灰炭に属している。ペルム紀の原炭灰分は、離石・臨県あたり25％以上で、高灰炭とされるが、陽泉・昔陽・平

遥・安澤・晋城・陽城・大寧・郷寧などでは10～15％の低灰炭を産し、低灰炭とされる。石炭紀の原炭は、大同炭田・平朔・長治・沁水などで灰分は10～15％の低灰炭に属し、ほかには15～25％の中灰炭に属している。

4、石炭に伴う鉱産資源

山西省の炭層の中で、石炭と共存する有益な鉱産資源は多数ある。それは主として、次のようなものである。

1）油頁岩：霍西炭田及び渾源産炭地に賦存しており、厚さは0.5～4.0メートルで、含油率は2～11％である。

2）ボーキサイト：主に石炭・ペルム紀の炭層に賦存しているボーキサイトの埋蔵量は全国一と言われている。省内の広い範囲で分布しており、主に陽泉・孝義・靈石・平陸・原平軒崗などの地区に集中している。

3）耐火粘土：石炭紀の炭層に賦存している耐火粘土の埋蔵量はわりに多く、質量も優れ、分布も広く、省内用のほかに、省外にも供給している。主要な分布地区は、朔州・太原・陽泉・長治・孝義・婁煩などの県・市である。

4）硫化鉄鉱：石炭紀の炭層の中に賦存している硫化鉄鉱は厚さが約1メートルで、主要な分布は晋城・陽城・平定・陽泉・長治・汾西・平陸などの地区である。

5）沈積型鉄鉱：石炭紀の炭層の中に賦存している沈積型鉄鉱の主要な分布地区は陽泉・孝義・靈石・晋城・陵川などがある。

三　石炭資源についての分析

（1）石炭資源が豊富であること

1981年の省内石炭の予想埋蔵量は約8,700億トンで、全国3位に位置し、そのうち、確定埋蔵量は2,035億トンで、全国石炭確定埋蔵量の約1/3を占めていた。1994年に至って、その確定埋蔵量は、さらに2,624.2億トンに達し、全国に占める比率は26.2％である。

（2）石炭の種類がそろっており、炭質が優れていること

1981年に確認埋蔵量の中で、特にコークス炭が1,193億トンで、総確認埋蔵量の59.2％を占め、全国のコークス炭の53％を占めていた。また無煙炭が

494億トンで、総確認埋蔵量の24.5％を占め、全国の無煙炭の46％を占めていた。このように、山西省の石炭は、その種類では、コークス炭と無煙炭の割合が多いと言える。大同炭田は低灰、低硫、高発熱という特徴を持ち、良好な動力用炭である。一方、陽泉・晋城・陽城などの無煙炭は、石炭化学工業用と燃料炭であり、西山炭田・霍西炭田及び河東炭田南部の大部分は、コークス炭である。

（3）地質構造が単純、炭層の傾斜が緩やか、そして炭層が安定していること

　山西省の炭田の地質構造は簡単で、地層の傾斜が5～10°と緩やかである。地質構造の類型に分けてみると、単純な地域が87.7％を占め、平均的な地域が6％、複雑な地域が6.3％をそれぞれ占めている。

（4）採掘の技術的条件が簡単で、ガスの含有量が低いこと

　山西省の炭層は上下の岩層がともに比較的安定し、ガスの含有量がさほど多くない。全体から見ると、確定埋蔵地域に含まれるガス量は、低ガスが71％を占め、高ガスが24.2％、特に危険性の高いのが4.2％である。

（5）埋蔵深度が浅いこと

　山西省の大部分の炭鉱は、竪坑や斜坑などで採掘するのがふさわしいが、ただ平朔炭鉱は、埋蔵深度が浅く、しかも埋蔵量が多く、炭層が厚いことから、露天掘りができる。山西省の確定埋蔵の中で、埋蔵深度が-300メートル以浅のものは49％、-301～-600メートルのものは31％、-600メートル以上のものは18％である。

　総じて、山西省の石炭資源は、埋蔵量・種類・品質・開発の自然的・経済的条件、従来の技術的・経済的能力の蓄積量などいずれも特有の優越性を持っており、名実ともに良好な石炭エネルギー基地と言える。

第二節　改革・開放前の石炭産業とその地域的展開

一　建国前の石炭開発

　山西省は、中国で最も早くから石炭を発見・利用した地域のひとつである。山西省の石炭開発史は、2000余年以前の漢代に遡ることができる。1972年に、右玉県で貯水池を作った時に、古墳の中から石炭や、漢代の瓦、陶器などを掘り出したことによって、山西省で初めて石炭を採掘し、利用したのは、遅くとも西漢時代であったということを証明した。

（一）アヘン戦争前の石炭開発

　記載によると、晋陽城（現在の省都太原市）が春秋末期（紀元前497年）に初めて建設された時、その宮殿、城邑などの建築に使われた煉瓦は地元の石炭を燃料にして作ったものであった。戦国時代の趙国では、武器を作るのに晋城の石炭を燃料として使ったとある。南北朝及び隋代に至って、石炭はすでに暖をとったり、炊事をしたりして、幅広く利用され、人々の生活必需品になっていた。宋代にすでに山西省の石炭生産は一定の規模を持ち、全国の重点的な産炭地になっていた。この期には、地元のほかに域外への販売・運送の商人も出てきた。宋代の統治者は採炭業の発展を励ますため、幾らかの減税措置をとっていた。このような政策から、当時、石炭はすでに商品の市場に入っていたと言えよう。その時代には、炭田の監督・管理の機関も設置されていた。1978年に山西省考古研究所が稷山県内でコークス炭を発見したが、その考古学的研究によると、これらのコークス炭は金代前期に人工で作ったもので、今のコークス炭と比べて、ほとんど質の違いがなかった。このことは、山西省の石炭の加工・利用が、すでに金代に新しい段階に入っていたことを示している。元代に至って、石炭への課税管理は強化され、石炭の流通や管理に相当完備された制度が形成されていた。明代には、商品経済の発展に伴い、大同の石炭は民間と軍隊に供給されていた。そして石炭産地は、省内の大部分の地域に拡がった。『明一統誌』の記載によると、陽曲・太原・楡次・寿陽・清徐・交城・静楽・霍州・吉県・臨汾・洪洞・浮山・趙

城・汾西・翼城・河津・靈石・澤州・陽城等が石炭を掘っていた地域として出てくる。採炭業の発展に伴って、練鉄、貨幣鋳造、焼銅鉱、焼石灰、煉瓦、陶器の加熱、醸造、製薬などでも使用されていた。

　清代に至って、さらに山西省の石炭採掘の技術・管理が発展した。すなわち、いわゆる探査から、坑掘り・採炭・通風・排水・運輸・運び上げ・炭種による分類及び洗炭までの技術と管理に関して一貫行程が形成された。統治者は石炭産業の発展に幾多の政策を実施した。清代の康熙14年（1675）には、清朝初期から実施してきた鉱禁が解禁され、民間人の開業の手続きが簡略化し、減税などの措置を取ったため、石炭産業の民族資本が芽生え始めた。

（二）官営炭鉱の勃興と発展

　1840年のアヘン戦争以降、外国資本の進入と影響により、封建官僚・商人・地主等は高額利潤の誘惑を受けて、相次いで鉱業や工業へ投資し、経営を拡大した。例えば、1848年長治地区襄垣県紫溝峪炭鉱、1850年浮山県南溝の興盛炭鉱、平定県西蒙村の慶和炭鉱、太原南峪の太元炭鉱等々が相次いで開業した。統計によると、1853年から1911年にかけて、山西省において民間で創設した炭鉱は93に達し、その中で、年産量は1000トンを超える炭鉱は10に昇った。

　1870年から1880年かけて、ドイツの地理学者リヒトフォーヘン（F. F. V. Richthofen,1833～1905）が山西の炭田を2回にわたって調査した。氏は山西省の石炭の埋蔵量は18,900億トンあり、世界の1300年間の使用も満たすと予測した。しかし、氏はその当時ただ平定から太原さらに北の豊鎮、南の潼關の調査だけで、山西省全省の査察は行なっていなかったため、山西省の石炭の埋蔵量についてより正確な見積もりではなかったことになる。しかし、それを受けて、外国の資本家は山西省の石炭資源に注意を向けるようになった。

　1898年イギリスの商人が設立した「福公司」会社は、山西省商務局と山西省で採炭・製鉄及びその鉱産を各地への輸送規約という契約を結んだ。この契約によると、「福公司」は白銀200万両を出して、その代わりに山西省平定・盂県・澤州・潞安・平陽等での炭鉱採掘・製鉄権を得た。契約の期間は60年であった。その後、1905年7月、「福公司」は、中国人の経営していた総ての炭鉱を傘下に入れて、契約範囲内の炭鉱を「福公司」が単独で経営するという要求を出したため、山西省の「争鉱運動」が起こった。そして1908年

1月20日に、山西省商務局は白銀275万両で、全部の鉱権を「福公司」から買い戻した。

　1907年春に、山西省で規模が最も大きい民族資本企業である「山西商弁全省保晋鉱務有限総公司（略称保晋公司）」が設立された。公司の下にまた幾つかの分公司も設置された。そのうち、平定・晋城・大同・寿陽の各分公司は採炭業を専営することとし、天津・北平・石家荘の各分公司は販売業を専営することとした。本公司は採炭の各分野において、例えば、引き上げ・運輸・通風・排水などの各部分に機械を導入した。これは山西省における初の蒸気機関を使用する炭鉱であった。

　1914年に、第一次世界大戦が勃発し、列強は戦争に力を注いだため、中国の民族産業にとっては、発展の好期を迎えた。山西省で機械炭鉱が一時的に盛んになった。一定の規模を持つ石炭会社が相次いで創立された。例えば1915年の平定中孚公司、大同広興石炭公司、大同大興石炭公司などがそれであった。1915年山西の石炭は、パナマで開かれた国際博覧会で「石炭の皇后」と褒め称えられた。1917年保晋公司平定分公司は山西石炭（無煙炭）輸出を開始した。その年、山西省から輸出した石炭は1,007トンに達した。1918から1919年にかけて、平定に広懋・中興・富昌・済生の諸公司及び大同に宝恒公司が創立された。そして、1919年、山西省で全省の石炭産業を管理する「山西鉱務局」（その後「山西鉱務局公司」に改正）が設置された。1920年に大同地区で、裕晋・保豊・保華・同秦・垣義などの40余の公司も創設された。1924年、保晋公司の石炭生産量は36万トンに達し、北平・天津・上海・広東・香港・日本に販売していた。1925年以降は、国内で軍閥の戦いが絶えず、鉄道の影響で、石炭の生産は落ち込んだ。1924年、山西の「土皇帝」と呼ばれた「閻錫山軍閥」は、大同で「軍人炭鉱公司」を創設した。1929年5月、彼はこの「軍人炭鉱公司」を基にして、「晋北鉱務局」を設立した。また1932年には「西北実業公司」を設立した。そして、1933年には閻錫山は「大同鉱業公司」を設立して取締役となった。この会社は、「晋北鉱務局」を主とし、保晋公司の大同分公司・宝恒公司なども入れた。その結果、晋北地区の石炭の生産・販売・運輸業務のすべてが閻錫山の支配下に置かれたことになった。その当時、山西省の石炭産業はまた一時的に振興していた。『中国実業誌』によると、1934年に山西省では、64の県で出炭され、炭鉱の数は

1,425に昇り、鉱区総面積は324.8万アール、採掘面積は93アール、鉱夫は22,300人、原炭生産量は302万トンであった。当時採炭はまだ人力を主としており、機械炭坑の生産量は総生産量の22％にすぎず、その大部分は保晋公司と晋北鉱務局に集中していた。

その後、戦乱が絶えず、石炭生産は大きく挫折した。すなわち、1949年に山西省の石炭生産量は270万トンに落ち込んでいた。

二　国民経済回復期の石炭産業

（一）石炭産業の管理体制

山西省石炭産業は建国以来中央と地方の「分級管理体制」を取ってきた。1949年建国後、山西省の大同・陽泉の両鉱務局と潞安炭鉱は中央の直属の企業として中央の燃料工業部華北炭鉱管理総局に管理された。1950年に華北炭鉱管理総局改組がされ、大同・陽泉の両鉱務局と潞安炭鉱は新しく設置された中央燃料工業部炭鉱管理総局に管轄されることになった。山西省のその他の炭鉱は総て地方炭鉱と称し、山西省工業庁に属した。そして、各地区（市）・県には、主に炭鉱を管理する鉱業管理課が設置された。1952年6月に、省工業庁に炭鉱生産管理処と基本建設処が設置され、石炭の生産と基本建設業務がそれぞれその二つの処の管理するところとなった。そのうち、省営地方炭鉱は省工業庁が直接に管理し、地（市）・県営及び以下の炭鉱はそれぞれその地（市）・県の鉱業管理課が管理した。いわゆる「分級管理」の体制であった。

（二）石炭産業の発展

国民経済回復期、山西省石炭産業は「全面回復・重点建設」の対象に指定され、資金と資材を集中し、既存の炭鉱の生産を回復させるべく努力した。1950～52年全省石炭産業基本建設投資の4,008万元のうち、大同・陽泉の両鉱務局への投資は3,395.4万元で、総投資の84.7％を占めていた。その間、建設の重点にされたのは内戦期に閉業されていた炭坑であった。全省で相次いで回復建設した炭坑は15で、年計画増加能力は657万トンであった。その15の炭坑のうち、大同・陽泉の両鉱務局管内で10炭坑に達し、2/3を占めていた。また、回復期唯一の新設炭坑は、計画年産能力15万トンの陽泉鉱務局の

「四鉱七尺斜井」であった。回復建設と新設の16炭坑のうち、12の炭坑は本期に操業に入り、年生産能力の477万トン増で、投下された投資は3,218.5万元であった。

建国初期、山西省の採炭技術は立ち遅れ、効率も悪かった。1950年に大同・陽泉・西山・富家灘・石圪節の五つの炭鉱で一人当たりの一日の出炭量がわずか0.52トンで、回採率がただ30～40％であった。その後回復期に新しい採炭方法と機械の導入によって、労働生産率が大幅に上がった。1952年に一人当たりの一日の出炭量は大同炭鉱が5.8倍、陽泉炭鉱が1.3倍、他の三つの炭鉱もそれぞれ0.6～0.8倍増加した。回採率は中央の大同・陽泉・石圪節炭鉱でそれぞれ28.0、17.6、7.8ポイント増加した。

1952年、山西省に中央直属炭鉱が3（炭坑21）、地方炭鉱が77のほか、1514の小炭鉱もあり、大・中・小炭鉱を同時に並べる局面が形成されていた。回復期の3年間に、石炭生産総額は85,865万元、年平均52.1％増で、石炭生産量は1,977万トン、年平均55％増であった[1]。

1、中央石炭産業

国民経済回復期の重点は、既存炭坑の回復であった。回復建設の15炭坑のうち、中央に属するのは、大同鉱務局の煤峪口・永定荘・同家梁・四老溝・忻州窰炭鉱、陽泉鉱務局の二鉱小南坑・二鉱本坑・三鉱丈八本坑・三鉱峪公井・三鉱一号井および潞安炭鉱石圪節炭坑などの11であった。そのうち、年産能力90万トンに達したのは永定荘と忻州窰であった。永定荘斜井は1950年着工、1952年に竣工で、投資は475.7万元であった。忻州窰は「一五」期末の1957年竣工した。

1952年末に、中央直属の大同・陽泉の両鉱務局と潞安炭鉱の原炭の生産量は1949年の72.4万トンから392.5万トンに増加し、年平均増加率は75.7％であった。

2、地方石炭産業

建国初期の1949年に、山西の地方炭鉱の炭坑は、3,668あり、そのうち地方国営炭鉱は48、集団・個人営炭鉱は3,620であった。1950～52年、山西省の地方石炭産業は全人民所有制の西山炭鉱の白家荘松樹坑炭坑・西銘炭坑・富家灘炭坑・南關炭坑を重点的に回復建設した。この四つの炭坑は総投資238.9万元、計画年生産能力は156万トンであった。この3年間の山西省地方

国営炭鉱は合わせて65の炭坑を建設し、年生産能力は500万トンに達した。

1950年から省政府は、国の政策により、私営炭坑の整理を通して、2,000余の小炭鉱を閉山させた結果、1952年に地方炭鉱の炭坑は1,579になり、そのうち、集団・個人営炭坑は1,514となった。小炭鉱の数は減少したものの、石炭の生産量は1949年の135万トンから1952年の323万トンに増加し、1.4倍に増加した。

三　「第一次五カ年計画」期の石炭産業

（一）石炭産業の管理体制

1953年に設立された中央燃料工業部華北石炭管理局が華北地方の中央国営炭鉱を管理したが、1954年8月に中央政府は各大行政区が取り消しの決定に伴い、その管理局も取消すわけであった。1956年に中央は石炭工業部太原炭鉱管理局を正式に設置し、大同・陽泉の両鉱務局と石圪節炭鉱及び軒崗・義棠・潞安の三つの炭鉱企画処と内蒙古自治区の包頭炭鉱企画処などを管理させた。

1956年1月に中央は、山西省のコークス炭の開発を強化するため、地方国営の西山炭鉱と西銘コークス炭工場を合併し、西山鉱務局を設立して、地方国営の富家灘炭鉱と義棠炭鉱企画処を合併し、汾西鉱務局を設立すること、及びこの二つの鉱務局を中央直属企業とし、上述の太原炭鉱管理局が管理することを決定した。

1957年には、山西省鉱業管理局が設置され、省内の各地方炭鉱を統括した。

（二）石炭産業の発展

「一五」期に、山西省の石炭産業については「大いに新しい炭坑と選炭工場の建設を行い、既存炭坑の改造・拡大を引き続き建設し、その炭坑の生産潜在力を十分に発揮する」という方針が出された。これを受けて、山西省石炭産業の基本建設投資は38,458万元に達し、年平均投資は回復期より4.8倍増加した。新しい増加採掘能力は1,003.3万トンで、回復期より、年平均11.8倍増であった。

この5年間に、中央直属炭鉱によって新設された炭坑は27か所で、年間の

計画増加能力は1,413万トンであった。改造・拡大炭坑は8か所で、年間の計画増加能力は407万トンであった。それと同時に山西省地方全人民所有制炭鉱に新設炭坑は24か所で、年計画能力は526万トンであった。改造・拡大炭坑は8か所で、年計画新しい増加能力は126万トンであった。

こうして、1957年に至って、山西省の石炭生産量は2,000万トンを超え、全国の各省・市・区のうち一位になった。「一五」期に全省石炭生産総額は410,642万元、年平均22.9％増で、1952年の1.8倍増であった。原炭生産量は2,368万トンで、年平均19％増で、1952年の1.4倍増で、全国の1/6に達した。1957年に全人民所有制炭鉱固定資産総額は25,485万元で、1952年比4.6倍増であった。また、利税総額は4,077万元、68.9％増で、労働生産率は13,951元、60.9％増であった[2]。

1、中央石炭産業

第一次五カ年計画期における建設の重点は、大同・陽泉・潞安などの老鉱区であったが、西山・富家灘・軒崗鉱区の開発も速め、国の交通運輸・冶金・電力・機械工業などの需要に、動力炭・無煙炭・コークス炭を送り出すことを画した。この5年間に、中央直属炭鉱は、新設の27の炭坑（年間計画出炭能力は1,413万トン）のうち、大同鉱務局は10（540万トン）で、陽泉鉱務局は8（456万トン）、西山鉱務局は3（210万トン）、汾西鉱務局は3（66万トン）、潞安炭鉱は1（90万トン）、軒崗炭鉱は2（51万トン）であった（表3-1）。以上の新設炭坑のほかに、大同・陽泉・西山・潞安などの局（炭鉱）の八つの炭鉱の改造・拡大が行われた。年間計画出炭能力は253万トンから

表3-1 「一五」期新設中央炭坑数と計画能力

鉱務局（鉱）	炭 坑 数	計画能力（万トン）
大　同	10	540
陽　泉	8	456
西　山	3	210
汾　西	3	66
潞　安	1	90
軒　崗	2	51
合　計	27	1413

出所：「山西建設経済」編集委員会、「山西建設経済」、山西経済出版社、1993年、p.92

660万トンへの407万トン増であった。

この時期に、採炭技術も向上し、中央直属の大同・陽泉・西山などの炭鉱は、採炭現場で機械を採用した。1957年の原炭生産量は1,417.73万トン、1952年比1.7倍増、年平均22.2％増であった[3]。

2、地方石炭産業

「一五」期に山西省の地方石炭産業の建設も全面的に進められた。その中では、1953年に西山炭鉱の小南坑斜坑と杜児坪平坑、1955年には富家灘炭鉱の張家峪斜坑が建設された。この三つの炭坑の計画能力は195万トンであった。1956年1月西山鉱務局と汾西鉱務局の設置により、上記の二つの炭鉱は中央炭鉱となった。それ以降、山西省の地方石炭産業開発の重点は、霍県の辛置、太原の東山と西峪、陽泉の蔭営と南庄、雁北の小峪などの全人民所有制石炭企業（いわゆる「地方統配鉱」）の手によった。この5年間に、山西省地方全人民所有制炭鉱（中央直属になった西山・汾西両炭鉱を除く）に累計3,998万元が投資された。炭鉱数は1952年の65から1957年には137に達し、原炭生産量は613万トンに達した[4]。

表3-2　「一五」期新設地方炭坑（地・市営）

単位：万トン

炭　坑　名	計画能力	工事開始年	竣工年
霍県辛置	90	1956	1962
太原東山柳樹湾	45	1956	1959
大同青磁窰	15	1957	1958
大同大青窰	60	1954	1962
陽泉蔭営火薬溝四尺	60	1956	1958
陽泉蔭営火薬溝丈八	60	1957	1960
忻県陽方口暖水湾	15	1954	1958
忻県陽方口石豹溝	30	1955	1961
晋東南北岩西上庄	45	1957	1961
雁北小峪一号	60	1956	1960
合　計	480		

出所：「山西建設経済」編集委員会、「山西建設経済」、山西経済出版社、1991、pp.106～108

それと同時に、全省私営炭鉱は社会主義改造を経て、その大部分は農業生産合作社または生産隊集団経営（1983年以降は「郷鎮炭鉱」と称する）に変わり、一部分は手工業連合社経営（いわゆる「二軽炭鉱」）に変わった。1957年全省の集団所有制炭鉱の原炭生産量は337万トンで、1952年比15倍にも増加した。

「一五」期に山西省地方国営炭鉱で新設された24の炭坑のうち、省営・地営が10炭坑（表3-2）、県営が14炭坑（表3-3）であった。県営炭坑はいずれも規模が小さく、「一五」期の生産能力は合計で76万トンにすぎなかった。

表3-3　「一五」期新設地方炭坑（県営）

炭　坑　名	懐仁峠峰山、朔県楊澗、渾源大園子、寧武七里凹、河曲磁窰溝、保徳八楼溝、保徳栄家溝、興県車家溝、汾陽、和順南窰、沁源黄土坡、沁源留神峪、陵川関嶺山、沁水永安
合計計画能力	76万トン

出所：前掲「山西建設経済」、p.106より筆者作成

新設炭坑のほかに、改造・拡大を進めた八つの炭坑は、太原の西峪炭鉱旧坑・大同の大青窰炭鉱黒流水平坑・忻州の陽方口後窰溝斜坑・太原の南峪斜坑と観家峪斜坑・陽泉白羊墅泊里斜坑と南庄平溝斜坑・晋東南慈林山斜坑などであった（表3-4）。これらの炭坑は総て「二五」期に引き続き行われた（図3-2）。

表3-4　「一五」期改造・拡大地方炭坑（県営以上）

炭　坑　名	太原西峪旧井、太原観家峪、太原南峪、大同大青窰黒流、陽方口後窰溝、陽泉白羊墅泊里、陽泉南庄平溝、晋東南慈林山
合計計画能力	126万トン

出所：同表3-3

四 「第二次五カ年計画」期と三年「調整」期の石炭産業

(一) 石炭産業管理体制

1958年10月、中央政府の地方分権の政策に基づき、国務院の許可を経て、もともと中央に属していた大同・陽泉・西山・汾西の諸鉱務局と石圪節炭鉱及び軒崗・潞安の二つの炭鉱企画処は山西省に移管され、新たに設立された山西省炭鉱管理局がこれらの鉱務局・炭鉱と地方の炭鉱を合わせて管理・運営することになった。それと同時に、もとの潞安炭鉱と潞安企画処を合併し、潞安鉱務局が設立された。また、もとの軒崗炭鉱企画処を軒崗鉱務局に改めた。更に、もとの辛置炭鉱をもとにして、霍県鉱務局が設立された。また、もとの澤州炭鉱企画処を晋城炭鉱企画処に改め、これら全部が山西省炭鉱管理局に属することにした。

1959年10月、中共中央・国務院の『若干の石炭企業を、中央を主とし、地方を従とする二重指導の決定について』という指示に基づいて、中央石炭部が主に管理する石炭企業は、大同・陽泉・西山・汾西・潞安・軒崗などの六つの鉱務局と晋城炭鉱企画処となった。また山西省政府が主に管理するのは霍県鉱務局及びその他の地方炭鉱となった。

1963年3月に、山西省炭鉱管理局は中華人民共和国石炭工業部山西省石炭工業管理局と名称を改め、石炭工業部と山西省人民委員会の二重管理体制を取った。1964年に、晋城炭鉱企画処が晋城鉱務局に改められた。また、1965年3月に、軒崗鉱務局は軒崗炭鉱に改められ、人・財・物権は忻州地区に移管されたが、生産業務などは山西省石炭工業管理局の指導下に置かれた。

(二) 石炭産業の発展

1958年、晋城で澤州炭鉱企画処が設立され、晋城鉱区の石炭開発が始まった。1959年には、霍県鉱務局が設立され、聖佛・曹村・南下庄などの炭鉱が開発された。しかし、1958年になって、「大躍進」の政策のもとで、建設の規模が盲目的に拡大され、人力・物力・財力に巨大な損失が出た。そのほかに、生産の拡大のみが追求され、採掘のバランスがくずれた。また機械の正常な検査と修理が行われなかったため、多くの機械が使用不能に陥った。全省の石炭生産総額は1959年の245,848万元から1962年には183,097万元に減

第三章　山西省の石炭産業とその地域的展開　63

図3-2　「一五」期新設、改造・拡大地方炭坑(県営以上)

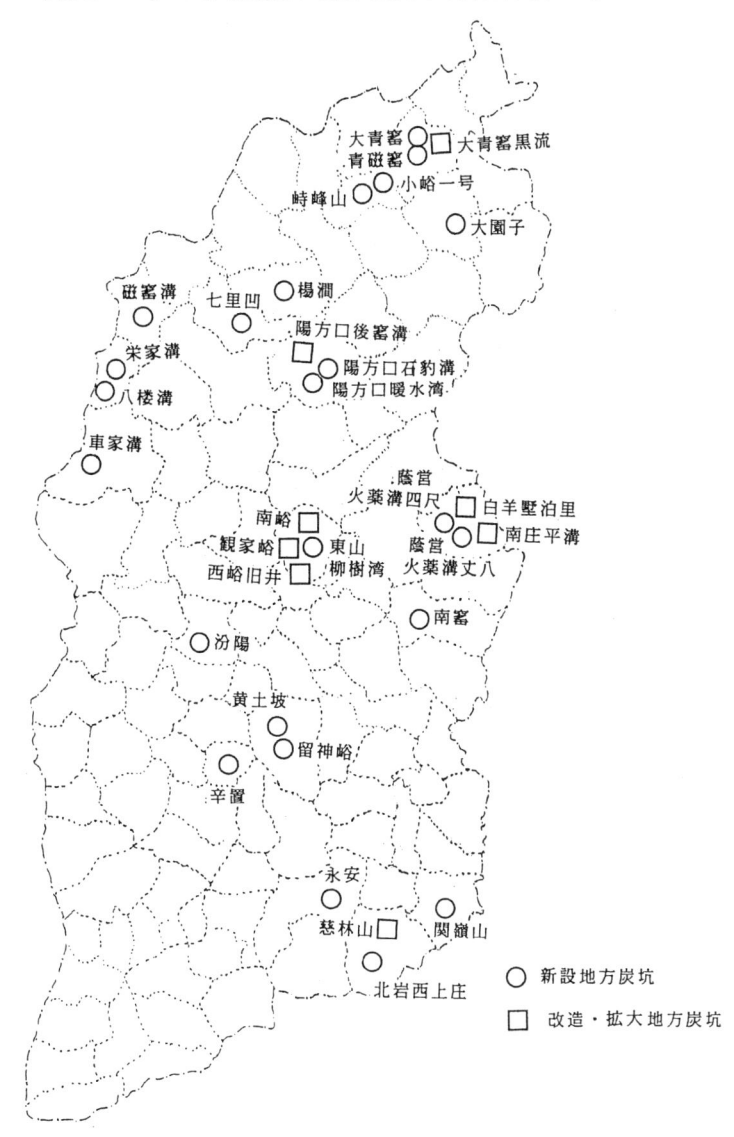

大青窰　大青窰黒流
青磁窰
峙峰山　小峪一号
　　　　　　　　大園子
磁窰溝　七里凹　楊澗
栄家溝　　陽方口後窰溝
　　　　　陽方口石豹溝
八楼溝　　陽方口暖水湾
車家溝
　　　　　　蔭営
　　　　　火薬溝四尺　白羊墅泊里
　　　南峪　　　　　　南庄平溝
　　観家峪　東山　蔭営
　　西峪旧井　柳樹湾　火薬溝丈八
　　　　　　　南窰
　　汾陽
　　黄土坡
　　　留神峪
　辛置

永安
慈林山　関嶺山
北岩西上庄

○　新設地方炭坑
□　改造・拡大地方炭坑

出所：「山西建設経済」編集委員会、「山西建設経済」、山西経済出版社、1991、pp.106
　　～108のデータより筆者作成

り、石炭の生産量も26.9％減少した。

　1963年から「調整・強化・充実・向上」の「八字」に基づいて、資金を集中して、建設を進める政策を採ったため、1965年に至って、統配炭鉱の生産能力は3,046万トン、1962年比8％増、中央直属炭鉱の生産能力は2,524万トン、1962年比6.8％増となった。全省の石炭生産総額は217,449万元、1962年比18.8％増で、原炭生産量も3,927万トン、1962年比3.5％増となり、同期全国の増加率を18ポイント上回っていた[5]。

1、中央石炭産業

　「二五」期に、中央直属の大同・陽泉・西山・潞安・汾西・軒崗・晋城などの鉱務局での新設炭坑57で、そのうち、汾西の紫金溝斜坑だけは1962年に建設された。このほかは1958～1959の2年間に建設されたものであった。それら56の炭坑の計画能力は4,056万トンであったが、結局、そのうちの43の炭坑は開発中止になった。中止された炭坑の計画能力は3,540万トン、計画総量の87.2％を占めていた。継続的に建設された14の炭坑のうち、本期に操

表3-5　「二五」期と調整期新設中央炭坑　　単位：万トン

鉱務局	炭坑名	計画能力	工事開始年	竣工年
大同	馬武山			
	土塘			
潞安	漳村			
	王庄			1966
軒崗	里溝			
	焦家寨			1966
晋城	古書院			
	王台鋪	45		1964
	鳳凰山	150	1965	1970
汾西	水峪			1966
	紫金溝		1962	1966
	柳湾	30		1963
	高陽	120	1965	1973
陽泉	北頭嘴四尺	45		1965

出所：前掲「山西建設経済」、pp.94～95より

表3-6 「大躍進」期建設中止の中央炭坑

鉱務局	炭坑名
大同	雲岡一・二号、姜家湾、鵝毛口、峰子澗、店湾一・二号、呉家窰、桃花溝、控青、朔県露天
陽泉	済生、泥河、貴石溝S2・T1・T2、秀寨一・二・三号、蒜地溝一・二号、姜家村
西山	九院、西曲、晋祠、鉄磨溝
汾西	申家庄、旺家源、西泉、狼虎溝、師屯一号、呂居堡
潞安	霍家溝、西白兎、西旺、薛村、東旺
軒崗	龍宮、劉家梁
晋城	晋普山、四義、巴公、曉庄露天

合　計　年間計画能力　　3,540万トン

出所：前掲「山西建設経済」、p.94

業に入ったのは6であった。すなわち、大同馬武山斜坑・土塘竪坑・大巴溝斜坑・潞安漳村斜坑・軒崗里溝斜坑・晋城古書院斜坑などである（表3-5、表3-6）。「一五」期に開始して、「二五」期に操業に入った12の炭坑を加えると、新しい増加の生産能力は778万トンであった。

「二五」期に、中央直属炭鉱の新炭坑建設投資額は24,979.8万元であった

表3-7 「二五」期と調整期改造・拡大中央炭鉱　　　単位：万トン

鉱務局	炭坑名	建設前能力	建設後能力	増加能力	工事開始年	竣工式
大同	永定庄	90	30	120		
潞安	石圪節	15	15	30		
西山	杜儿坪	120	45	165		
陽泉	二鉱西四尺	21	15	36		
晋城	王台鋪	45	45	90	1965	1975
合計		291	150	441		

出所：前掲「山西建設経済」、p.95より

が、そのうち、「一五」期から引き続き進められた投資額は12,174.8万元、48.5％を占めた。本期内に新たに炭坑への建設投資額は10,026万元、40.5％を占めた。中断した炭坑への投資額は2,768.7万元、11％を占めた。この投資の比率から見れば、建設停止による損失はかなり大きいと言える。

中央直属炭鉱で、「二五」期に拡大・改造された炭坑は三つで、潞安石圪節豎坑・大同永定庄豎坑・西山杜児坪平坑などであった（表3-7）。その計画能力は225万トンから315万トンへの90万トン増であった。そのための投資は5,863.4万元であった[6]。

1962年に中央直属炭鉱の原炭生産量は1,936万トンで、「大躍進」期に比べると減少したが、1957年より36.5％を増加し、年平均増加率は6.4％であった。1965年に至って、原炭生産量は2,337万トンに達し、1957年比20.7％増で、1958〜65年の年平均増加率も6.4％であった[7]。

2、地方石炭産業

「二五」期に入って、中央石炭工業部は「中央と地方ともに、同時に炭鉱を経営し、地方炭鉱のうち、地方国営と社隊集団経営を同時に実行し、大型炭鉱と中・小炭鉱をも同時に実行する」という方針を出した。「大躍進」の影響で、「二五」期に山西省地方石炭産業の建設投資規模は急に拡大し、全人民所有制炭鉱だけで5年間の累計投資は20,776万元に達し、「一五」期より4.2倍増加した。そのうち、1958年、1959年に省営・地（市）営の新設炭鉱が19に達し、計画生産能力は568万トンであった。そのために資金と原材料が不足し、10の炭坑が1963年までに操業に入ったのみであった。その10の炭坑の計画能力は288万トンであったが、他の9つの新設炭坑は建設を中断し、計画能力は300万トン、52.8％を占めた。建設中断の炭坑のうち、1965年建設に復したのはただ一つであった。残り8つの炭坑のうち、3が別の炭坑の通風井になり、5が建設を断念した。これらに投下された資金は合わせて205.46万元であった。この2年間に、県営全人民所有制炭鉱で新設炭鉱が124に達し、そのうち73の炭坑が建設を中断し、473.63万元の建設資金が無駄になった。

「二五」期の5年間に、山西省の省・地・県・営全人民所有制炭鉱で新設炭坑の新しい増加の生産能力は607万トン、累計投資は6,616.4万元であった。それと同時に、拡大・改造の炭坑は7つで、新しい増加生産能力は64万トン、

表3-8 「二五」期と調整期新設地方炭坑（県営以上）　　単位：万トン

炭　坑　名	計画能力	工事開始年	竣工年（中止年）
太原西峪寨溝	90	1958	1962
太原東山銀山	5	1958	1958
王庄鉱劉凹	5	1958	1959
霍県局南下庄	30	1958	1960
霍県局聖佛	30	1958	1962
陽泉南庄丈八	21	1958	1959
忻県石豹溝丈帽	15	1958	1960
晋東南望雲	21	1958	1961
晋東南呂山三家店	30	1958	1961
陽泉南庄四尺	21	1958	1963
霍県局曹村	45	1958	(1960)
雁北小峪二号	60	1958	(1960)
雁北小峪大王台	30	1958	(1960)
晋東南慈林山劉家庄	30	1958	(1960)
忻県陽方口河西	15	1958	(1961)
晋東南慈林山王報	30	1958	(1960)
晋東南C山北板橋	30	1958	(1960)
蔭営とう家峪四尺	30	1958	(1961)
陽泉白羊墅新村	30	1958	(1961)
蔭営火薬溝九尺	45	1964	1964
蔭営固庄	45	1965	1973
霍県局曹村	45	1965	1970
形成計画能力	403		
中止計画能力	300		

出所：前掲「山西建設経済」、pp.106～108より筆者作成

累計投資は939.1万元であった（表3-8、表3-9）。また、社隊集団炭鉱も同じく大きな起伏を体験した。「二五」前期、全省で新設小炭鉱が3,000余に達したが、1962年に至って、「一五」期末の1,500余までに減った。

「二五」期に、基本建設の起伏によって、原炭の生産量も大きく起伏した。

1959年省内の地方炭鉱の生産量は1,637万トンに達し、1957年比70％も増えたが、1960年に1,603万トン、2.1％減で、1961年に1,191万トン、また25.7％減であった。1962年にやや増加したが、その量はわずか53万トンであった[8]。

　1963年から始まった調整期に、一連の措置が取られた。相次いで『山西省小型炭鉱の基本建設のプロセス』、『山西省地方炭鉱の炭坑建設プロジェクトの設計予算定額』、『山西省地方炭鉱基本建設の施工図の設計と予算についての審査・批准方法』などの文書が発布された。これを受け、3年間に基本建設投資は累計6,453万元が投下された。新設した固庄平坑・曹村平坑の年生産能力はそれぞれ45万トンで、引き続き建設された陽泉市南庄丈八斜坑と蔭営火薬溝九尺斜坑は、年生産能力66万トンの増加であった（図3-3）。

表3-9　「二五」期改造・拡大地方炭坑（県営以上）　　単位：万トン

炭　坑　名	建設前能力	建設後能力	工事開始年	竣工年
大同大青窰七尺	未形成	15	1958	1962
太原南峪	未形成	10	1958	1962
忻県石豹溝神仙堡	未形成	5	1960	1962
晋中兌鎮瓜溝	未形成	7	1959	1962
靈石扇底	未形成	9	1959	1962
臨汾什林退沙	未形成	9	1961	1962
高平新庄	未形成	9	1959	1962
合　　計		64		

　　出所：前掲「山西建設経済」、p.107より

　1965年時点で、全人民所有制地方炭鉱は1962年の169から148に減少していたが、原炭の生産量は同期に992万トンから1,215万トンに増え、増加率は22.5％であった。社隊集団炭鉱は1962年の1,496から1,634に増え、原炭の生産量は同期に252万トンから375万トンに増え、増加率は50％近くであった。1963～1965年類型で利潤が10,888.3万元に達し、「二五」期比33.4％増であった。国に上納の税金は4,841万元、「二五」期比37.9％増であった[9]。

第三章　山西省の石炭産業とその地域的展開　69

図3-3　「二五」期と調整期の新設、改造・拡大地方炭坑（県営以上）

○　新設地方炭坑
□　改造・拡大地方炭坑
⊙・■能力45万トン以上

出所：「山西建設経済」編集委員会、「山西建設経済」、山西経済出版社、1991、pp.106〜108のデータより筆者作成

五　「文化大革命」期の石炭産業

（一）石炭産業の管理体制

　「文化大革命」期は、「三五」、「四五」に当たる10年であった。1966～68年には、山西省石炭産業の各級管理機構の運営は麻痺状態になり、正常な管理秩序が維持できなくなった。1967年1月に中国人民解放軍を主とする山西省石炭指導組が設立され、省内の石炭産業の業務指導をすることにしたが、上から下までの指導システムが形成されなかった。そのため、1969年8月に、山西省石炭指導組と電力・化工指導組を合併し、「炭電化弁公室」が設置され、省内の石炭・電力・化学行業を管理することにした。

　1970年1月には、山西省石炭化工局が設置された。同年6月、中央燃料化学工業部は、もとの石炭部と山西省と共同で管理してきた七つの鉱務局の人・財・物の管理権を下放し、山西省の管理とすることを決定した。更に、1971年には、潞安・晋城鉱務局の人・財・物管理権が所在地区に下放された。ただこの場合、生産・供給・販売は山西省石炭化工局が統一管理することになった。

　1973年10月、地方炭鉱の管理を強化するため、山西省石炭化工局の下に地方炭鉱管理処が設立された。それと同時に、集団所有制炭鉱の発展を早め、また石炭の運輸と販売を強化するため、山西省非金属鉱業公司が設立され、これを山西省手工業管理局の元に置いた。同年12月、山西省革命委員会（省政府相当）は、陽泉市の南庄炭鉱、雁北地区の小峪炭鉱、太原市の東山炭鉱、省労改局の蔭営炭鉱、西峪炭鉱の寒溝井炭坑など五つの炭鉱の建設及び生産・供給・販売業務を山西省石炭化工局が統一的に管理し、人・財・物は所在地の地（市）が管理することを決定した。こうして、これまでに大同・陽泉・西山・潞安・軒崗・晋城・霍県・東山・南庄・小峪・蔭営・西峪などの13の鉱務局と炭鉱は、いわゆる「国家統配炭鉱」の形を整えた。

　1975年3月に、山西省は従来の石炭化工局を石炭工業管理局と化学工業管理局の二局に分けて、同年10月には、地（市）に下放した潞安・軒崗・晋城などの三つの鉱務局を山西省石炭工業管理局の元に管理することにした。

（二）石炭産業の発展

この時期、「文化大革命」は山西省の石炭産業に大きな打撃を与えた。1967～68年には、原炭生産量は減少し、炭鉱建設も停滞した。1968年には原炭生産量は、1965年より6.3％減少し、炭鉱建設投資は1965年のわずか36.3％であった。

　この時期、中央は従来の「北の石炭を南に運ぶ」やり方の転換策を打ち出し、山西省の地質探査と基本建設技術者を多く南方に派遣した。1966～68年に三つの地質探査隊を派遣した結果、山西省に残された探査人員は3,000人余から200人余に、また、ボーリングマシンの数は80台余から10台に減ったため、探査はほとんど停滞の状態になった。更に四つの基本建設施工隊が相次いで省外に派遣されたため、その人員は6万人から1.4万人に減ってしまった。「文化大革命」期の10年間に、中央直属炭鉱の新設炭鉱は僅か二つであった。

　1972年以降、石炭企業は技術の向上を重視し、設備の更新や、新しい手法の導入を計ってきた。1973年に、統配炭鉱の生産現場の機械化率は21.1％に達し、その中で、中央直属炭鉱は30.9％に達し、1965年より25.7ポイント上がった。1974年には、先進的な採炭機器が大同・陽泉・鉱務局に導入され、1975年に西山鉱務局でも使われ始めた。

　1975年に至って、山西省の石炭産業の生産総額と原炭の生産量はそれぞれ1965年より92.7％、92.0％増えた[10]。

1、中央石炭産業

　「文革」期を通して、山西省の中央直属炭鉱では新設炭坑が二つ、改造・拡大炭坑は11、回復建設炭坑はただ一つ見られたのみであった（表3-10、表3-11）。

表3-10　「文化大革命」期新設中央炭鉱　　　　単位：万トン

鉱務局	炭坑名	計画能力	工事開始年	竣工年
大同	雲岡（一期）	150	1966	1973
	雲岡（二期）	120	1973	
軒崗	劉家梁	90	1973	1983
陽泉	一鉱北頭嘴丈八	120	1973	
合計		480		

出所：「山西建設経済」編集委員会、「山西建設経済」、山西経済出版社、1991、p.97

表3-11　「文化大革命」期改造・拡大中央炭鉱　　　　　　　　　単位：万トン

鉱務局	炭坑名	建設前能力	建設前能力	工事開始年	工事開始年	竣工年
大同	忻州窰	90	60	150		
	大巴溝	21	69	90		
	煤峪口	90	60	150		
陽泉	三鉱二号	45	75	120		
西山	西銘	60	120	180		
	官地	90	90	180		
汾西	柳湾	30	90	120		
潞安	漳村	10	50	60		
	王庄	90	30	120		
	石圪節	30	62	92		
軒崗	黄甲堡	30	30	60		
合計		693	736	1,429		

出所：「山西建設経済」編集委員会、「山西建設経済」、山西経済出版社、1991、p.97

　新設と回復建設の三つの炭坑には、この期12,597.4万元が投下された。雲岡竪坑の一期工事では150万トンの出炭能力を形成したが、他の炭坑はまだ「五五」期に引き続き建設が続行中であった。

　改造・拡大の11炭坑のうち、操業に入ったのは大巴溝炭坑ただ一つであった。この炭坑は1966年に建設が始まり、1974年に竣工したが、投資額は1,284.3万元であった。

　1975年末の、中央直属炭鉱の原炭生産量は4,377万トンに達し、1966～75年までの年平均増加率は6.5％であった。

2、地方石炭産業

　「文化大革命」期の10年間、地方石炭産業への基本建設投資は19,454万元、年平均の投資額は3年調整期より10％減、「二五」期より53％減であった。この10年間に山西省地方国営炭鉱で引き続き建設して、操業に入った炭坑は1965年建設開始した霍県鉱務局曹村と蔭営炭鉱固庄平坑で、これらを合わせて新しい増加生産能力は90万トン、投資3,504.16万元であった。10年間、新設炭坑は17、計画能力は372万トンであった。しかし、管理の混乱や、調査の停滞、そして、資金・開発資材の供給の不足などにより、大部分の建設プ

表3-12　「文化大革命」期新設地方炭坑（県営以上）　　単位：万トン

炭坑名	計画能力	工事開始年	竣工年
晋東南晋普山	90	1966	1976
大同焦煤鉱	21	1970	1974
渾源果子園	15	1969	1976
陽方口程家溝	30	1969	1980
原平西梁	10	1969	1976
寿陽黄丹溝	10	1969	1979
大同呉官屯	30	1967	1975
寧武東汾	10	1967	1975
霍県局団柏	60	1963	1980
霍県許村	30	1972	1980
蒲県南湾	5	1972	1979
晋東南永紅	15	1971	1980
運城杜家溝	30	1971	1980
絳県紅衛	15	1971	1977
合計	381		

出所：「山西建設経済」編集委員会、「山西建設経済」、山西経済出版社、1991、pp.109～110

ロジェクトは完成期間を延ばし、投資効果が良くなかった。例えば、霍県鉱務局の団柏炭坑は、年計画能力が60万トン、投資は4,625.4万元で、工期が7年もかかった。

1975年に至って、以上17の炭坑のうち操業に入ったのは、寧武県東汾炭坑と大同市呉官屯炭坑の二つのみであり、投資966.3万元、年増加生産能力は40万トンであった。後に、二つの炭坑は閉山となり、損失資金は244.39万元であった（表3-12）。そのほかの炭坑は、「五五」期に引続き建設を続けた[11]。

基本建設の挫折の影響で、全人民所有炭鉱の石炭生産はなかなか上昇しなかった。「三五」期を通して、1,200から1,400万トンの間を行き来した。そして、全国的な石炭供給不足の緩和のため、1974年中央石炭部は山西省の地方炭鉱の中で、埋蔵量が豊富で、運輸に便利な炭坑を選び・投資し、改造・拡大することを決定した。それは以下の20の炭坑であった（表3-13）。

以上の20の炭坑は改造・拡大後、一炭坑当たりの年生産能力は21～60万トンであった。1975年末に、その中の六つの炭坑（姜家湾・霊石・什林・義井・北岩・慈林山）はすでに操業に入り、投資は943.77万元、増加生産能力

は138万トンであった。他の炭坑は「五五」期に引き続き建設が継続された（図3-4）。

1975年、省内全人民所有制地方炭鉱は198で、そのうち、省・地（市）営は31、県営及び軍営炭鉱は167であった。原炭生産量は2,005万トン、1965年比65％増であった。また、集団所有制炭鉱は1,926で、年産原炭は1,159万トン、1965年比2.1倍増であった。10年間で、累計の利潤が42,573.3万元、年平均では調整期比17.0％増であった。累計上納税金は29,167万元、年平均は「調整」期比80.8％増であった[12]。

表3-13 「文化大革命」期改造・拡大地方炭坑（県営以上）

炭坑名	建設前能力	増加能力	建設後能力	工事開始年	竣工年
大同姜家湾	44	16	60	1974	1974
晋中靈石	21	24	45	1974	1975
臨汾什林	14	31	45	1974	1975
陽泉義井	15	15	30	1974	1975
晋東南北岩	30	30	60	1974	1975
晋東南慈林山	23	22	45	1974	1975
大同青磁窰	17	28	45	1974	1977
大同焦煤鉱	21	24	45	1974	1977
大同杏儿溝	5	25	30	1975	1979
山陰玉井	20	10	30	1974	1977
朔県楊澗	12	18	30	1974	1978
忻県陽方口	10	20	30	1974	1976
忻県石豹溝	15	15	30	1974	1978
盂県東坪	11	19	30	1974	1976
汾西瓦窰	2	19	21	1974	1977
晋東南望雲	28	17	45	1974	1976
晋東南呂山	15	30	45	1974	1976
高平申家庄	15	15	30	1974	1977
高平新庄	16	14	30	1974	1977
襄垣	8	22	30	1974	1977
合　計	342	414	756		

出所：「山西建設経済」編集委員会、「山西建設経済」、山西経済出版社、1991、p.110

第三章　山西省の石炭産業とその地域的展開　75

図3-4　「文化大革命」期の新設、改造・拡大地方炭坑（県営以上）

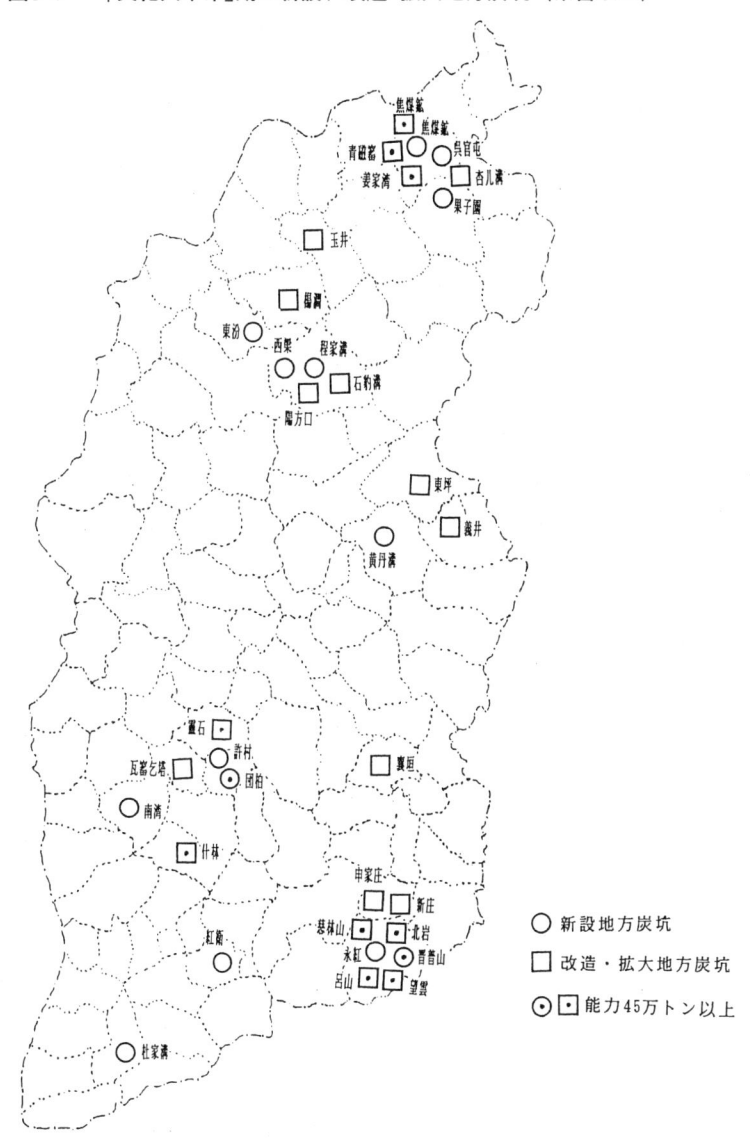

○　新設地方炭坑
□　改造・拡大地方炭坑
⊙ ⊡　能力45万トン以上

出所：「山西建設経済」編集委員会、「山西建設経済」、山西経済出版社、1991、pp.109～110のデータより筆者作成

第三節　改革・開放後の石炭産業とその地域的展開

一　「第五次五カ年計画」期の石炭産業

（一）石炭産業の管理体制

1976年4月、山西省非金属鉱業公司が山西省鉱業公司に改められ、山西省社隊企業管理局に属した。1978年12月中共第十一次三回全会以降、党中央と国務院は山西省の石炭を次第に重視したため、石炭産業の管理体制が大きく調整された。1979年9月省内の地方炭鉱の発展に応じて、省政府は山西省地方石炭工業管理局を設置した。そして、翌年には地方炭鉱設計公司、地質探査公司、供給公司、地方石炭工業学校などを設置した。これらは、省内の各類型の地方石炭工業管理局と各地（市）・県の石炭管理部門がそれぞれ管理した。1979年12月、省政府は省内の社隊炭鉱を、山西省社隊企業管理局と山西地方石炭工業管理局の二つに二重管理させることにした。

1980年、省政府は鉱山の開発・経営の審査・批准と販売石炭の配分計画を省地方石炭工業管理局の元で統一管理することのほかに、省内の社隊炭鉱の生産計画、生産技術、安全、基本建設、教育養成などの管理及び炭鉱運営の方針・政策などを山西社隊企業管理局に属する山西省鉱業公司の元で管理することを決定した。

1980年5月、中共山西省委員会は、山西省地方石炭鉱業管理局を省石炭工業管理局下に置くことを決定した。同年6月、省輸出入委員会の元に、山西省地方石炭対外貿易公司が設置され、省内の石炭の輸出を管理することにした。

（二）石炭産業の発展

「五五」期、特に1978年中共第十一次三回全会以降、山西省の石炭産業への投資は年々増加した。5年間で、石炭産業基本建設投資は14,106万元、「四五」期比で7.9倍に増えた。統配炭鉱は新設炭坑が2、年計画能力は700万トンで、改造・拡大炭坑は3、年計画新しい増加能力は489万トンであっ

た。地方全人民所有制炭鉱の新設炭坑は12、年計画能力は281万トンで、改造・拡大炭坑は53、年計画新しい増加能力は860万トンであった（図3-5）。1980年、初めて国からの予算内ローン3,232万元を使って、郷村炭坑の技術改造を行った。「五五」期統配炭鉱は引き続き技術の向上を工夫した。1980年の採炭機械化率が59.3％に達し、1975年に23.6ポイントを上回っていた。

　山西省の原炭生産量は1979年に、1億トンを突破し、世界で産炭1億トンを越える産炭地のひとつとなった。「五五」期で、山西省石炭生産総額は2,624,989万元で、年平均7.9％増で、原炭生産量は49,295万トン、年平均9.9％増であった。1980年の原炭生産量は1975年比60.5％増で、同期に全国の31.9％増を上回った。

　1980年、全人民所有制石炭企業の固定資産額は303,361万元で、1975年比60.4％増、利税総額は90,783万元、1975年比1.8倍増で、石炭とコークス業の一人当たりの労働生産率は14,032元、1975年比5％増であった。省内統配炭鉱の一人当たりの出炭量は1.347トン、1975年比15.5％を上回った。

1、中央石炭産業

　「五五」期、石炭産業部門は重点的国家施策が経済発展に転換されたことから、採と掘などのアンバランスの問題に調整が行われた。その結果として、採と掘、生産と安全、生産と生活などの関係が大いに改善した。

　山西省石炭産業のより速い発展のため、中央石炭部は「文化大革命」初期に山西省から派遣していた探査隊と建設技術者を山西省に戻し、山西省での設計と基本建設の能力を充実させた。本期末、大同・陽泉・西山・汾西・潞安・晋城鉱務局が総合的な採炭機械を導入した。総合機械の設備は1975年の13セットから1980年の65セットに増加し、この総合機械の導入によって採炭の比率は6.6％から28.8％に増加した[13]。

　「五五」期に、国家統配炭鉱では、「四五」期から建設した大同鉱務局竪坑二期工事（120万トン増）陽泉一鉱北頭咀丈八斜坑（120万トン増）を引き続き建設すると同時に、新設炭鉱は2であった。一つは大同鉱務局燕子山斜坑で、年計画能力は400万トン、1978年工事開始から1980年まで投資1,984.4万元で、「六五」、「七五」期に継続的に建設して、1987年12月に操業に入り、累計投資額は51,516万元に達した。いま一つは、西山鉱務局古交鉱区西区平坑で、年計画能力は300万トン、1978年工事開始から1980年までの投資額は

図3-5 「五五」期新設、改造・拡大地方炭坑（県営以上）

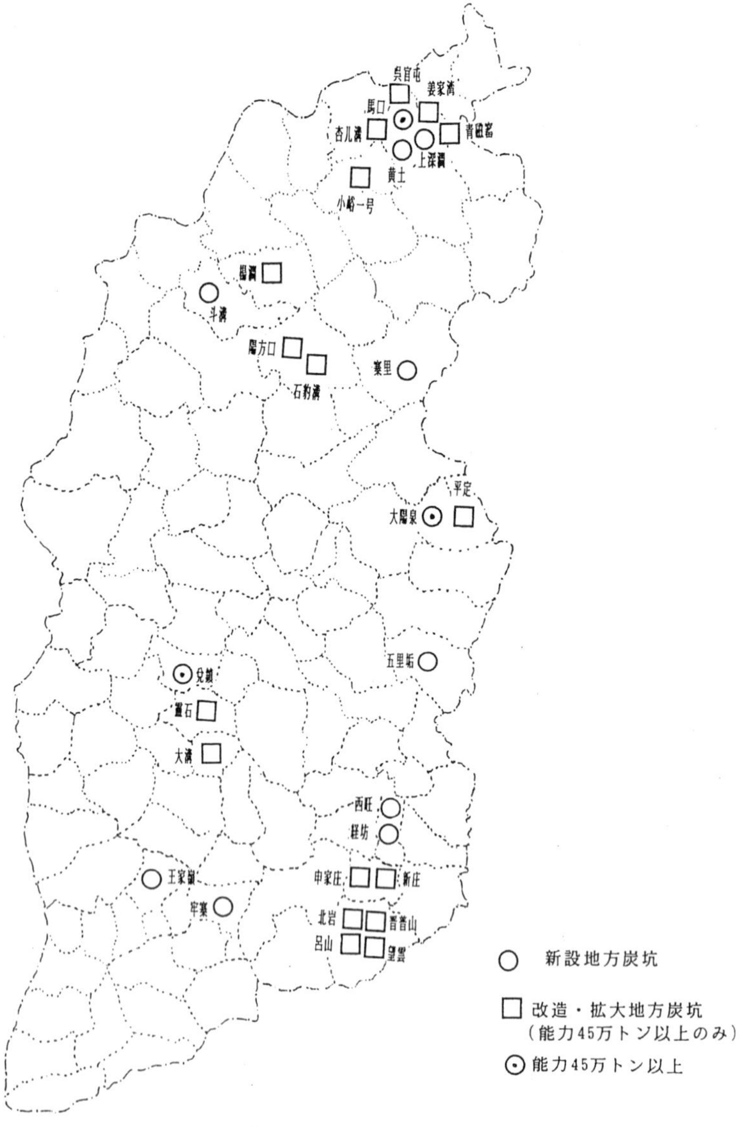

○ 新設地方炭坑

□ 改造・拡大地方炭坑
（能力45万トン以上のみ）

⊙ 能力45万トン以上

出所：「山西建設経済」編集委員会、「山西建設経済」、山西経済出版社、1991、pp.110〜114のデータより筆者作成

3,077.7万元で、「六五」期の1984年に操業に入り、累計投資額は36,932万元であった。

「四五」期からの改造・拡大した10の炭坑は、「五五」期内に全部が操業に入り、投資額は26,745.06万元で、生産能力は500万トン増であった。それと同時に、1978年からは三つの炭坑が改造・拡大された。それは、次のごとくである。

1) 潞安鉱務局五陽竪坑：計画能力は90万トンから150万トンに、60万トン増で、1984年操業に入り、投資額は5,552万元であった。
2) 陽泉鉱務局第二鉱：計画能力は141万トンから453万トンに、294万トン増で、1985年操業に入り、累計投資は24,076.3万元であった。
3) 西山鉱務局杜児坪炭鉱：計画能力は165万トンから300万トンに、135万トン増で、1985年に操業に入り、累計投下資金は11,984.4万元であった。

1980年中央直属炭鉱の原炭生産量は6,000万トンを越えて、6,139.04万トンに達し、1975年比40.3％増、年平均7％増であった。

2、地方石炭産業

「五五」期、国から山西省地方炭鉱への累計投資額は36,865万元で、地方全人民所有炭鉱の新設・改造・拡大などの建設に用いられた。この5年間、引き続き「四五」期から建設を始めた27の炭坑（うち新設炭坑13、改造・拡大炭坑14）は本期に全て操業に入った。新規増加の年間生産能力は646万トン（うち新設炭坑は366万トン、改造・拡大炭坑は280万トン）に達した。それと同時に、本期内新規建設の炭坑は12、計画生産能力は281万トン、投資2,527.4万元であった（表3-14）。そのうち、操業に入った炭坑は神池県斗溝炭坑と襄汾県王家嶺炭坑の二つであった。この二つの炭坑は、年計画能力は各5万トンで、投資はそれぞれ192.9万元と141万元であった。他の10の炭坑は、「六五」期に引き続き建設することにした。

そのほかに、1978～80年(主に1980年)の間の改造・拡大の炭坑は53にのぼり、計画能力は998万トンから1,858万トンへ、つまり860万トンの増加を見た（表3-15）。これらの炭坑はすべて「六五」期に継続して建設することにした[14]。

1980年に至って、省内地方全人民所有炭鉱企業は193に達した。そのうち、地方統配炭鉱と省・地（市）営炭鉱33か所、県営炭鉱143か所、軍営炭鉱は17であった。省内の地方炭鉱の年生産能力は2,635万トンに達した[15]。

表3-14　「五五」期新設地方炭鉱（県営以上）　　単位：万トン

炭坑名	計画能力	工事開始年	竣工年(1985年現在)
神池斗溝	5	1977	1980
襄汾王家嶺	5	1976	1980
大同上深澗	15	1978	1982
陽泉大陽泉	45	1980	
長治西旺	15	1980	1983
長治経坊	30	1980	1989
雁北馬口	45	1978	1987
大同黄土	30	1980	
五台寨里	10	1978	
左権五里垢	15	1980	1985
呂梁兌鎮	45	1978	1988
翼城牢寨	21	1976	1982
	281		

出所：「山西建設経済」編集委員会、「山西建設経済」、山西経済出版社、1991、pp.110〜111

※　竣工年次は、筆者の把握できなかったものもある。

　「五五」期、省内の新設社隊集団炭鉱は1,066、そのうちの80％は1979、1980年の2年間に新設されたものであった。各地（市）の新設炭鉱数は表3-16で示している。その建設資金は主に社隊自身で賄ったほか、1980年に初めて国から予算内のローン3,232万元が投下された。1980年に至って、省内集団炭鉱は2,819に達した[16]。

　1980年、地方炭鉱原炭生産量は5,964万トンに達し、省内原炭生産量の49.3％を占めた。そのうち、全人民所有炭鉱の生産量は2,648万トン、集団所有炭鉱の生産量は3,316万トンに達し、それぞれ1975年比32.1％、1.86倍増であった。1976〜80年累計で創出した利潤は42,568.1万元で、年平均8,513.6万元増で、「三五」・「四五」期より倍増した。5年間累計上納税金は22,112万元、年平均4,422.4万元、「三五」・「四五」期より53％増であった。

表3-15 「五五」期改造・拡大地方炭鉱（県営以上）　単位：万トン
（計画能力45万トン以上のみ）

炭坑名	建設前能力	増加能力	建設後能力	工事開始年	竣工年
晋東南晋普山	48	22	70	1980	1984
大同呉官屯	30	15	45	1980	1985
大同姜家湾	45	15	60	1980	1984
大同青磁窰	45	15	60	1980	1983
大同杏儿溝	30	15	45	1980	1981
平　定	21	24	45	1980	1984
高平新庄	30	15	45	1980	1984
高平申家庄	30	15	45	1980	1984
晋城北岩	45	15	60	1980	1984
晋城呂山	45	15	60	1980	1984
晋東南望雲	30	15	45	1980	1983
朔県楊澗	30	15	45	1980	1984
霍県大溝	10	35	45	1978	1981
晋中靈石	30	15	45	1980	1984
雁北小峪一号	60	60	120	1980	1985
忻県石豹溝	30	15	45	1980	1982
忻県陽方口	30	15	45	1980	1984
合　計	589	336	925		

出所：「山西建設経済」編集委員会、「山西建設経済」、山西経済出版社、
　　　1991, pp.113～114

表3-16　各地・市別「五五」期社隊集団新設炭鉱数

地・市	炭鉱数	地・市	炭鉱数
太原市	39	忻州地区	93
大同市	65	呂梁地区	73
陽泉市	24	晋東南地区	265
長治市	4	臨汾地区	198
雁北地区	92	運城地区	19
晋中地区	194		

出所：前掲「山西建設経済」、p.100

二　「第六次五カ年計画」期以降の石炭産業

（一）石炭産業の管理体制

　1981年、山西省石炭輸出業務に対応するため、山西省地方石炭対外貿易公司を山西省石炭輸出入公司と改めた。1982年11月には、中央石炭工業部と国家対外経済貿易部の決定によって、山西省石炭輸出入公司を中国石炭輸出入総公司山西分公司と改め、その下に大同・陽泉・雁北・秦皇島などの四つの出張所を設置した。その結果、この分公司は総公司と山西省の二重管理を受けることになった。1983年3月8日には、中米合作で平朔安太堡露天炭鉱の開発のための中間合意文書が北京で調印された。

　1983年4月4日、山西省の管理機構改革の中で、山西省石炭工業管理局を山西省石炭工業庁に改め、その下に、山西省地方石炭管理局が設置された。大同・陽泉・西山・汾西・潞安・軒崗・晋城の七つの国家統配鉱務局を山西省石炭工業庁が管理し、霍県鉱務局その他の六つの地方統配鉱・非統配地方国営炭鉱・手工業合作社炭鉱などを山西省地方石炭管理局が管理し、社隊・個人炭鉱を山西省人民公社企業管理局（もとの社隊企業管理局）の下にある省鉱業公司が管理することになった。

　1983年10月、山西省政府の決定により、山西省石炭資源委員会が設立され、各種石炭企業の石炭資源利用を審査・批准することになった。同時に、石炭の省外搬出管理強化のため、山西省の石炭の省外への運送・販売を管理することにした。

　1984年4月29日、中米合作で経営する平朔安太堡露天炭鉱の最終合意文書の調印式が北京の人民大会堂で行われ、そして、1984年7月14日、平朔第一石炭有限会社が設立された。

　1985年、全国経済体制の改革の方針に基づいて、国務院の許可を得て、全国の統配鉱を請負制とされた。1985年1月、山西省石炭工業庁及びそれが管理していた大同・陽泉・西山・汾西・潞安・軒崗・晋城などの七つの鉱務局及びその基本建設局・炭田地質公司・石炭機械工場・選炭研究センター・炭鉱設計院・石炭管理幹部学院・石炭安全技術育成センター・職工医院など総てを中央石炭部が管理することになった。山西石炭工業庁は石炭部山西省石

炭工業管理局と称し、石炭部の派出機構になった。そうした中で、元々石炭部に直属であった山西鉱業学院・中国石炭博物館・大同石炭学校・石炭科学研究院太原分院・中国平朔石炭工業公司・平朔鉱区物資供給公司などは当時の管理体制を維持することになった。大同鉱務局は石炭工業部の直接管理するところとなった。

表3-17　山西省石炭管理体制　（1985年現在）

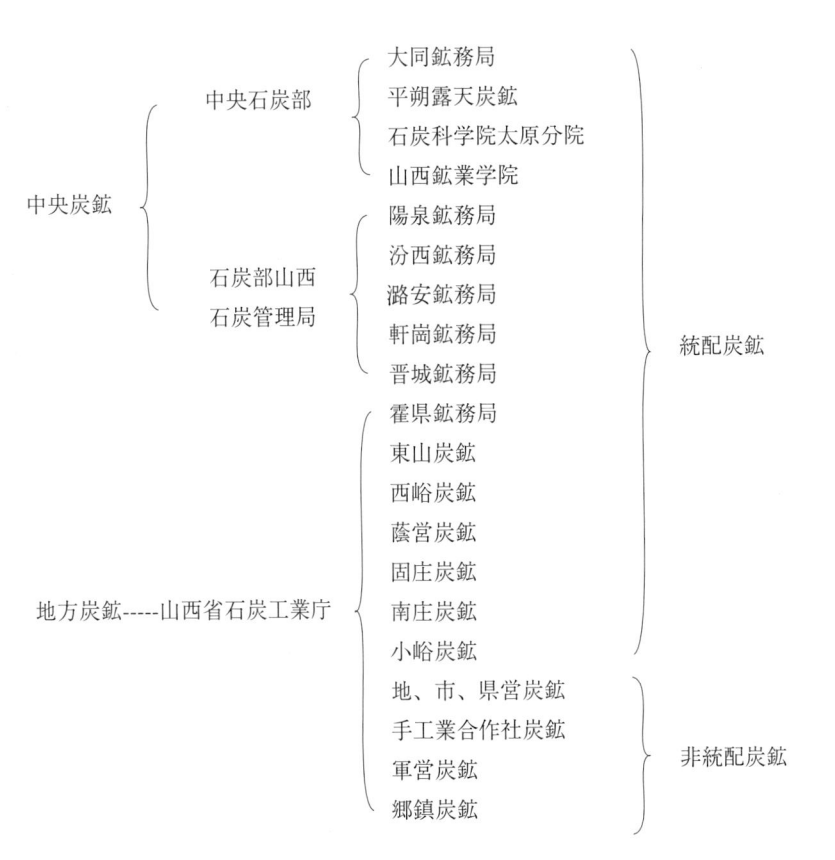

区分	所属	管轄	分類
中央炭鉱	中央石炭部	大同鉱務局	統配炭鉱
		平朔露天炭鉱	
		石炭科学院太原分院	
		山西鉱業学院	
	石炭部山西石炭管理局	陽泉鉱務局	
		汾西鉱務局	
		潞安鉱務局	
		軒崗鉱務局	
		晋城鉱務局	
地方炭鉱-----山西省石炭工業庁		霍県鉱務局	
		東山炭鉱	
		西峪炭鉱	
		蔭営炭鉱	
		固庄炭鉱	
		南庄炭鉱	
		小峪炭鉱	
		地、市、県営炭鉱	非統配炭鉱
		手工業合作社炭鉱	
		軍営炭鉱	
		郷鎮炭鉱	

出所：「山西工業経済」編集委員会、「山西工業経済」、山西経済出版社、1993、
　　　p.91より整理作成

それに応じて、山西省地方炭鉱の管理体制の改革も行なわれた。1985年9月、山西省政府は、山西省地方石炭工業管理局と山西省鉱業公司を改組して、山西省石炭工業庁を設立した。1985年末の山西省の石炭産業管理体制と機構は、次の通りであった (表3-17)。

表3-18　　中央炭鉱の管理体制沿革

	管　理　機　構	鉱　務　局　(鉱)
1949	燃料工業部華北炭鉱管理総局	大同鉱務局・陽泉鉱務局・潞安炭鉱
1950	燃料工業部華北炭鉱管理総局を改組 燃料工業部炭鉱管理総局設立	大同鉱務局・陽泉鉱務局・潞安炭鉱
1953	燃料工業部華北炭鉱管理局設立	大同鉱務局・陽泉鉱務局・潞安炭鉱
1594.8 1954.10 1955.6	燃料工業部華北炭鉱管理局解散 太原炭鉱管理企画処設立 石炭工業部太原炭鉱管理局設立	大同鉱務局・陽泉鉱務局・石圪節炭鉱・軒崗炭鉱企画処・義棠炭鉱企画処・潞安炭鉱企画処・内蒙古自治区包頭炭鉱企画処
1956.1		西山炭鉱と西銘コークス工場⇒西山鉱務局 富家灘炭鉱と義棠炭鉱企画処⇒汾西鉱務局
1958.10	石炭工業部太原炭鉱管理局を改組 全部炭鉱を山西省炭鉱管理局に移管	
1959.10	中央石炭工業部	大同・陽泉・西山・汾西・潞安・軒崗等六つの鉱務局と晋城炭鉱企画処
1966	全部山西省石炭工業管理局に移管	
1985.1	中央石炭工業部山西省石炭工業管理局	大同・陽泉・西山・汾西・潞安・軒崗と晋城七つの鉱務局

出所:「山西工業経済」編集委員会、「山西工業経済」、山西経済出版社、1993、pp.89〜91より整理作成

それ以降、山西省石炭産業管理体制と機構はほとんど変動がなかった（表3-18、表3-19）。

(二) 石炭産業発展の若干方針・政策

改革・開放以来、特に1982年中央が山西省に石炭エネルギー・重化学工業基地を建設する戦略政策を打ち出して以降、山西省の石炭産業は新しい発展の段階に入ったと言える。

1982年、国務院と山西省政府は1400余人の学者を動員し、山西石炭エネルギー・重化学工業基地建設について多角的な研究を行なった。その結果、1983年2月に、「山西エネルギー・重化学工業基地建設総合計画」が発表された。その中で、本世紀末の山西省の原炭生産量は4億トンに達するという目標を提出した。この「計画」には次のような方針が含まれた。

・既存炭鉱の改造・拡大に力を入れ、老鉱区の役割が十分に発揮できるようにすること。
・老鉱区の周辺に新炭鉱を建設し、老鉱区から労働力や器材・施設など諸方面にわたる支援を受けること。
・古交・平朔などの新しい大炭鉱を重点的に建設すること。
・新炭鉱の建設テンポを速めること。
・選炭・加工を大いに発展させること。
・石炭の総合的利用を図ること。
・交通運輸施策を先行させること。

この他に、石炭産業の配置の重点も確定した。その主な内容は次の通りである。

・大同・寧武・平朔などの動力炭基地
・潞安・西山炭田・霍西炭田及び河東炭田の中・南部などのコークス基地
・潞安・沁水炭田の陽泉・晋城などの無煙炭基地

この「計画」は、山西省石炭産業の発展に、より科学的理論的根拠を提供した。

(三) 石炭産業の発展

1、発展概況

(1) 石炭産業の基本建設

「六五」期、山西省石炭産業の基本建設投資額は381,154万元で、「五五」

表3-19 地方炭鉱の管理体制沿革

	管理機構			炭坑
	一級	二級	三級	
1949	山西省工業庁設立	炭鉱公司		西山・東山・富家灘三つの炭鉱と西銘コークス工場
			上党分公司	石圪節・賈掌・五陽
		鉱業行政管理処	各地(市)・縣鉱業管理科	各地(市)・縣での他の炭鉱
1952.6	山西省工業庁			西山と富家灘二つの炭鉱・西銘コークス工場などの省営炭鉱
		炭鉱公司と鉱業行政管理処を改組、炭鉱生産管理処(生産業務)と炭鉱改造弁公室(基建業務)を設立	各地(市)・縣鉱業管理科	各地(市)・縣での他の炭鉱
1957	山西省工業庁	鉱業管理局設立		省内の地方炭鉱
1958.8	太原炭鉱管理局	山西地方炭鉱管理局		省内の地方炭鉱
1958.10	山西炭鉱管理局設立			大同・陽泉・西山・汾西四つの鉱務局と石圪節炭鉱 軒崗炭鉱企画処→軒崗鉱務局 潞安炭鉱と潞安炭鉱企画処→潞安鉱務局 辛置炭鉱→霍県鉱務局 澤州炭鉱企画処→晋城炭鉱企画処

第三章　山西省の石炭産業とその地域的展開　87

1959.10	山西炭鉱管理局			大同・陽泉・西山・汾西・潞安・軒崗の六つの鉱務局と晋城炭鉱企画処を中央に 霍県鉱務局と他の地方炭鉱
1963.3	山西省炭鉱管理局→石炭鉱業部山西省石炭工業管理局			
1964				晋城炭鉱企画処→晋城鉱務局
1965	山西石炭工業管理局（生産業務）		忻州地区（人・財・物）	軒崗鉱務局→軒崗炭鉱
1969.8	山西省革命委員会生産組を設立	炭電化弁公室設立		省内の石炭・電力・化工行業
1970.1	山西省石炭化工局設立			
1970.6				中央管理の七つの鉱務局を移管
			晋東南地区炭化局	潞安・晋城両鉱務局
1973.10	山西石炭化工局	地方炭鉱管理処		省内地方炭鉱
	山西手工業管理局	非金属鉱業公司		集団所有制炭鉱の石炭の集運
1973.12	山西石炭化工局			陽泉市南庄・雁北地区小峪・太原市東山・省労改局蔭営・西峪寨溝井

1975.3	山西石炭工業管理局 山西化学工業管理局			
1975.10	山西石炭工業管理局			潞安・軒崗・晋城
1976.4	山西社隊企業管理局	山西非金属鉱業公司→山西鉱業公司		
1978.10		山西石炭管理局基建処→基本建設局		統配炭鉱の基本建設
		地方石炭管理処→地方石炭管理局		地方炭鉱の業務
1979.9	山西地方石炭管理局を設置	地方炭鉱設計公司、地質探査公司、供給公司、地方石炭鉱業学校	地（市）、県石炭管理部門	各地方炭鉱
1979.12	山西社隊企業管理局	鉱業公司		社隊炭鉱
	山西地方石炭工業管理局			
1980	山西社隊企業管理局	鉱業公司	地(市)、県社隊企業管理局	社隊炭鉱
	山西地方石炭工業管理局			鉱山行政管理（鉱権審査批准）、石炭配分計画
1980.5	山西石炭工業管理局	山西地方石炭工業管理局		
1980.6	山西省輸入委員会	省地方石炭対外貿易公司設立		省内の石炭輸出

1981		省地方石炭対外貿易公司→省石炭輸出入公司		
1982.11		省石炭輸出入公司→中国石炭輸出入総公司山西分公司		大同・陽泉・雁北・秦皇島の四つの事務所を設立
1983.4	山西省石炭工業管理局→山西省石炭工業庁			大同・陽泉・西山・汾西・潞安・軒崗・晋城の七つの国家統配鉱務局
		省地方石炭工業管理局		霍県鉱務局と他の六つの地方統配炭鉱及び非統配炭鉱・手工業合作社炭鉱・軍営炭鉱など
	山西社隊企業管理局	省鉱業公司		社隊炭鉱
1983.10	山西資源委員会設立			省内石炭企業の資源利用の審査・批准
	山西省経済委員会	省石炭運銷総公司設立	各地(市)省石炭運銷分公司	省内の地方石炭の域外への輸送
1985.1	山西省石炭工業庁→中央石炭部山西省石炭工業管理局（石炭部の排出機構）			大同・陽泉・西山・汾西・潞安・軒崗・晋城の七つの鉱務局及びその基本建設局などを中央に移管
1985.9	山西石炭工業庁	省地方石炭工業管理局＋省鉱業公司		

1985.9	省石炭運銷公司		省内の地方石炭の域外への運送
	省石炭輸出入公司		省内の地方石炭の輸出

出所：「山西工業経済」編集委員会、「山西工業経済」、山西経済出版社、1993、pp.89〜91より整理作成

期比1.7倍増であった。「七五」期に入って、新設プロジェクトの審査が厳しくなった国の「整理・整頓」方針の中で、山西省への基本建設投資はまたもや大幅に増加し、「六五」期の2.1倍の788,733万元に達した。「六五」期と「七五」期の10年間、累計投資額は1169,887万元、その額は1949～1980年にかけての32年間の投資総額の3.1倍であった。

「六五」期、統配炭鉱のうち、新設炭坑は九つ、年間計画能力は2,430万トンで、改造・拡大炭坑は八つ、年間計画増加能力は1,050万トンとなった。1985年から省内で初めての露天炭鉱－平朔安太堡露天炭鉱が開発された。この炭鉱の年間計画能力は1,533万トンとなった。また、「六五」期地方全人民所有制炭鉱では、12の炭坑が新設され、年間計画能力は501万トンで、改造・拡大炭坑は14か所（うち一つは1984年に建設中止になった）、年間計画増加能力は544万トンとなった。

「七五」期に入って、「六五」期及び「五五」期に開始した炭坑の建設を速めると同時に、更に統配炭鉱では、新設炭坑二つ、年間計画能力460万トンで、改造・拡大炭坑七つ、年間計画増加能力は925万トンとなった。地方県営以上の非統配炭鉱では新設炭坑30、年間計画能力564万トンで、改造・拡大炭坑37、年間計画増加能力は694万トンとなった。1971～80年までの10年間に、新設・改造の選炭工場は24に上り、年間計画選炭能力は5700万トンとなった。

（2）石炭生産量

20世紀80年代の10年間、改革・開放のもとで、権力下放から請負制の実施へ、一連の措置が取られたため、石炭の生産は著しく発展した。原炭の生産量から見れば、1979年に1億トンを突破してから1985年に2億トン台に達するまでの期間は、わずか6年であった。その増加率は全国同期を59.3ポイン

ト上回った。1990年に至って、石炭生産量は2.86億トンに達し、1985年比33.5％増で、全国同期比を9.6ポイント上回った。

「六五」期に、山西省原炭生産量は83,839万トンに達し、「五五」期より70.1％増であった。「七五」期には更に126,090万トンに達し、「六五」期比50.4％増であった。この10年間の原炭生産量は1949～80年までの32年間の総量の1.5倍であった。

この時期の特徴としては郷村炭鉱の大幅な発展があった。初めに、「扶助・整頓・改造・連合経営」という方針を打ち出し、一部の郷村炭鉱を選んで発展させた。「六五」期に改造・拡大炭坑は146か所、年間計画増加能力は1,747万トンであった。その内の46の炭坑は、本期に操業に入り、489万トンの生産能力増となった。「六五」期に郷村炭鉱の原炭生産量は29,592万トンに達し、「五五」期比2.2倍増で、「七五」期には更に「六五期」比66.8％増となった。「六五」期と「七五」期に原炭生産量は累計で78,938万トン、1965～80年までの16年間の5.1倍であった。郷村炭鉱の発展によって、山西省非統配炭鉱の原炭生産量は1982年から統配炭鉱のそれを超えた。

（3）技術と設備の機械化水準

1990年末、山西省の郷以上の石炭産業固定資産総額は151.7億元で、1980年に3.8倍増であった。この年統配炭鉱の採炭機械化率が91.7％に達し、1980年に32.2ポイント上回った。「七五」期より、山西省非統配炭鉱も高技術採炭機械を使用し始めた。晋城市の泊村・西庄などの炭鉱でコンピューターの導入・使用を始めたことはその例である。

山西省は、省別の石炭の生産量で飛び抜けて一番の生産省になったし、石炭についてのいくつかの主要な指標でも、比較的大きい役割を担うこととなった。1990年独立採算石炭採選業の労働生産率は全国平均で4,218元/人年であったが、山西省は8,244元/人年で、約2倍になり、群を抜いていた。百元固定資産原価当たり利潤と税金は、全国平均で-3.73元、山西省は2.01元であった。職工一人当たりの工業生産額は全国平均で2,677元、山西省は4,962元であった。職工一人当たりの利潤と税金は全国平均で-675元、山西省は526元であった。職工一人当たり上納の利潤は、全国平均で164元、山西省は1,162元で、いずれも全国一であった。

総じて、1949～90年まで、山西省の原炭生産量は累計35.28億トン、全国

同期生産量の19.9％を占めた。また、コークス炭の生産量は累計で11,974万トン、全国同期生産量の9.8％であった。1952～90年までの山西省の石炭の省外への搬出量は22.41億トン、同期省内原炭生産量の63.7％を占めた。そのうち、外国への輸出量は7500万トンであった。

2、中央石炭産業

「六五」期に入って、山西省の石炭鉱業の開発テンポは以前よりさらに速まった。この5年間に、新設の炭鉱は10で、年間計画能力は2,430万トンであった（表3-20）。以上の新設炭鉱のほかに、引き続き「五五」期から建設を進めた古交西曲炭坑と「四五」期からの軒崗鉱務局劉家梁炭坑の年間生産能力はそれぞれ300万トン、90万トンであった。

その他に、改造・拡大炭坑は七つで、年間計画能力は960万トンから2,010万トンに、新しい増加能力は1,050万トン（表3-21）、投資の予算は10.8億元であった。この建設規模の大きさは、各五カ年計画期において例がないほどであろう。これらの炭坑が完成すると、一炭坑平均での年間生産能力は244万トン（最大330万トン、小さくとも150万トン）になり、大型炭坑になる。

1985年7月、中米合作による平朔安太堡露天炭鉱の建設が始まった。この炭鉱の計画能力は1,533万トン、投資予算は6.50億ドルであった。これはその

表3-20　　1981～1989年新設中央炭鉱　　　　単位：万トン

鉱務局	炭坑名	計画能力	工事開始年	竣工年
西山	古交鎮城底	150	1982	1986
	古交馬蘭	400	1983	1990
	古交東曲	400	1985	1991
	古交屯蘭（一期）	60	1988	1988
陽泉	貴石溝六号	45	1982	1984
	貴石溝大井	400	1983	1991
	貴石溝小丈八	45	1983	1985
太原炭化公司	炉峪口	45	1983	
	嘉楽泉	45	1983	
大同	四台溝	500	1984	
潞安	常村	400	1985	
晋	成庄	400	1989	
合計		2890		

出所：前掲「山西建設経済」、pp.101～102
　　　山西省統計局、「山西統計年鑑」、中国統計出版社、1995年、p.676

表3-21　1981～1989年改造・拡大中央炭坑

鉱務局	炭坑名	建設前能力	増加能力	建設後能力	工事開始年	竣工年
西山	西銘	180	60	240		
	官地	180	150	330		
潞安	漳村	60	90	150		
	王庄	120	180	300	1981	1988
晋城	古書院	90	90	180		
	王台鋪	90	120	210	1985	1988
	鳳凰山	150	250	400	1987	1991
	古書院(二期)	180	120	300	1989	1992
大同	四老溝	150	150	300		1992
	馬脊梁	15	165	180	1988	1994
	王村	60	120	180	1987	1988
合計		1,365	1,705	3,070		

出所：前掲「山西建設経済」、pp.101～102
　　　山西省統計局、「山西統計年鑑」、中国統計出版社、1995年、p.676

当時中国と外国との合作開発の最大の鉱区プロジェクトであった。

　1985年、中央直属炭鉱の原炭生産量は7,755万トン、1980年比26.3％増であった。そのうち、大同鉱務局の原炭生産量は3,081万トンに達し、全国一になった。

　「七五」期に至って、国の「整理・整頓」方針のもとで、山西省の石炭建設の重点は「六五」期以前からのプロジェクトに置かれ、本期内新設の炭坑は二つしかなかった。一つは、1989年からの晋城鉱務局の成庄炭坑（年間計画能力は400万トン）で、いま一つは、1988年からの古交鉱区屯蘭炭坑（一期＝年間計画能力60万トン）であった。

　1990年、中央直属炭鉱の原炭生産量は10,799万トン、1985年比39.3％増であった。

3、地方石炭産業

　「六五」初期、国と省政府の計画によって、2000年の地方石炭の生産量は2億トンを目標とされたために、地方炭鉱の開発テンポが速まった。そのため、1985年、県営以上の地方炭鉱は236になり、年間生産能力は3,335万トン、1980年比に6.6％増となった。一方、集団所有制炭鉱5,144のうち、郷鎮炭鉱

は5,065であった。その年、省内地方炭鉱の原炭生産量は13,633万トン、1980年比1.3倍増で、本省原炭生産量の63.8％を占めた。その比率は1980年比を14.4ポイント上回るものであった。地方炭鉱の原炭生産量のうち、郷鎮炭鉱は9,053万トンになり、1980年比2.4倍増で、省内原炭生産量の42.2％を占め、1980年比17.5ポイント上昇した。

1981～89年にかけて、地方県営以上の炭鉱では、新設炭坑は25（年間計画能力は800万トン）であった（表3-22）。それと同時に、改造・拡大炭坑は28で、年間計画能力は874万トンから1,753万トンに、新規増加分879万トンであった（表3-23、図3-6）。

80年代は、郷鎮炭鉱の著しい発展時期と言える。特に「六五」期に、中央と省政府は、郷鎮炭鉱の改造・拡大及び技術改造を重視し、初めて国の予算内ローンを使わせた。この5年間、省の改造・拡大の重点プロジェクトは146に達し、年間計画増加能力は1,747.5万トン、投資予算は43,234万元であった。1985年末に、これらの炭坑のうち、操業に入ったのは46になり、年間計画能力は167万トンから656万トンに上り、489万トン増となった。資金と条件が原因で、建設中止になった炭坑は23で、他の77の炭坑は引き続き「七五」期に建設することにした。

そして、1986～89年、郷鎮炭鉱では新設炭坑が六つで、年間計画能力は74万トン、改造・拡大炭坑も六つで、年間計画能力は27万トンから111万トンに、84万トンの増加となった。

1990年末、山西省の地方炭鉱は6,056になった。そのうち、県営以上の炭鉱は234、年間生産能力は4,088万トンで、集団所有制炭鉱は5,822であった。その集団所有制炭鉱のうち、郷鎮炭鉱は5,587であった。各地（市）の郷鎮炭鉱数は表3-24に示すごとくである。

1990年、地方炭鉱の原炭生産量は17,770.5万トンで、山西省原炭生産総量の62％を占めた。そのうち、県営以上の全人民所有制炭鉱が5,127.66万トン、集団所有制炭鉱が12,642.8万トンで、山西省原炭生産量の44.2％を占めた。

山西省で12の地区（市）のうち、非統配炭鉱の原炭生産量が2,000万トンを超えるのは、大同・晋城・雁北の三つの地区（市）、1,000～2,000万トン規模は太原・陽泉・長治・忻州・晋中・臨汾の六つの地区（市）で、1,000万トン未満では呂梁・朔州の二つ、運城地区のみ200万トン以下であった。省

内の出炭県（区・市）87のうち、年間生産量が300万トンを超えたのは19で、そのうち、500万トンを超えたのは大同市南郊区・陽泉市郊区・晋城市郊区・盂県・高平県・懐仁県・左雲県・霍州市などの九つの県（区・市）であった。

表3-22　1981～1989年新設地方炭坑（県営以上）

単位：万トン

炭　坑　名	計画能力	工事開始年	竣工年(1995年現在)
太原市王封	15	1982	1985
雁北小峪王坪	180	1984	1988
霍県局白龍	120	1985	1988
婁煩黒山分	30	1985	
大同大北溝	15	1984	
平定陽勝	15	1983	
雁北東周窰	30	1982	
平魯芦家窰	30	1984	
忻県石豹溝	15	1984	
運城船窩	15	1984	
河津干柴坡	6	1985	
襄垣七一	30	1982	
雁北搶風嶺	15	1986	
太原石千峰	9	1987	
雁北鵲儿山	15	1986	1988
太原馬家岩	5	1988	
臨汾西郭	15	1987	
霍県局李亜庄	150	1989	
大同馬連凹	15	1989	
陽泉上社	21	1989	
長治石窟	15	1988	
雁北羅町	6	1989	
雁北果子園	9	1989	
五台天和	9	1989	
朔州芍薬溝	15	1988	
合　　計	800		

出所：「山西建設経済」編集委員会、「山西建設経済」、山西経済出版社、1991、pp.112〜118
注：竣工年次は、筆者の把握できなかったものもある。

表3-23　　1981〜1989年改造・拡大地方炭坑（県営以上）

炭坑名	建設前能力	増加能力	建設前能力	工事開始年	竣工年(1995年現在)
太原東山柳樹湾	75	75	150	1982	1987
陽泉蔭営	120	120	240	1985	1992
陽泉固庄	45	105	150	1985	
西峪寨溝	90	30	120	1985	1989
晋東南晋普山	70	60	130	1987	1994
太原南峪	15	15	30	1983	1989
太原古交汎石溝	15	15	30	1983	1989
大同上深澗	15	30	45	1983	
大同焦煤鉱	21	24	45	1981	1989
平定同意	15	15	30	1981	1989
盂県東坪	21	24	45	1981	1989
懐仁峙峰山	30	30	60	1985	
左雲鵲儿山	30	30	60	1985	
交口高家垣	9	21	30	1985	
大同杏儿溝	45	15	60	1988	
晋城臥庄	9	21	30	1986	
大同青磁窰	60	60	120	1987	
平魯二鋪	6	6	12	1986	
垣曲窰頭	5	4	9	1987	
襄垣	30	15	45	1988	
大同姜家湾	60	30	90	1989	
霍県局曹村	45	45	90	1987	1989
左雲店湾	15	30	45	1986	
保徳芦子溝	5	10	15	1989	
晋中路家河	6	9	15	1989	
臨県彤塔	10	11	21	1989	
臨汾齠口	5	25	30	1989	
長治王和	2	4	6	1983	1987
合計	874	879	1753		

出所：「山西建設経済」編集委員会、「山西建設経済」、山西経済出版社、1991、p.101、
　　　pp.115〜116
　　　山西省統計局、「山西統計年鑑」、中国統計出版社、1995、p.676
注：竣工年次は、筆者の把握できなかったものもある。

第三章　山西省の石炭産業とその地域的展開　97

図3-6　1981～1989年新設、改造・拡大地方炭坑（県営以上）

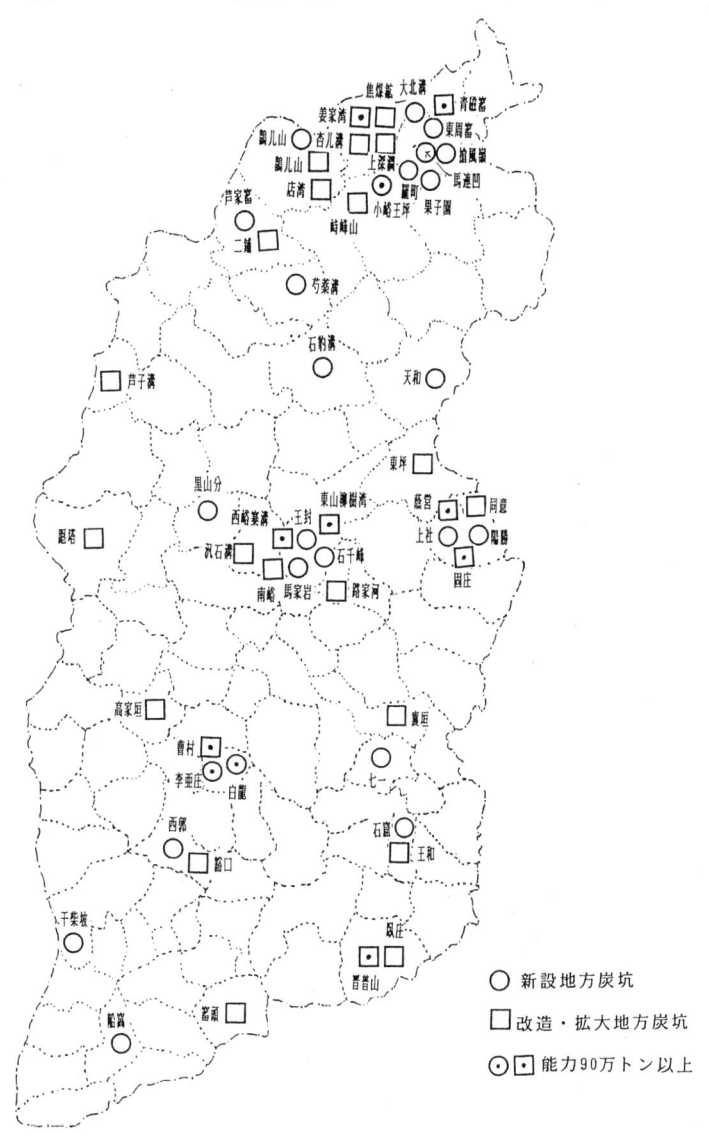

○　新設地方炭坑
□　改造・拡大地方炭坑
⊙・⊡　能力90万トン以上

出所：「山西建設経済」編集委員会、「山西建設経済」、山西経済出版社、1991、p.101、
　　　pp.112～118のデータより筆者作成

表3-24　　地・市別の郷鎮炭鉱数（1990）

地・市	炭坑数	建設後能力	工事開始年
太原市	389	雁北地区	251
大同市	161	忻州地区	570
陽泉市	277	晋中地区	594
長治市	636	呂梁地区	669
晋城市	802	臨汾地区	891
朔州市	227	運城地区	120

出所：前掲「山西工業経済」、p.101

注：
1)「山西工業経済」pp.85～86
2)「山西工業経済」p.86
3)「山西工業経済」p.93
4)「山西工業経済」p.97
5)「山西工業経済」p.87
6)「山西建設経済」p.94
7)「山西工業経済」p.95
8)「山西工業経済」p.96
9)「山西工業経済」p.98
10)「山西工業経済」p.87
11)「山西建設経済」p.98
12)「山西工業経済」pp.98～99
13)「山西工業経済」p.93
14)「山西建設経済」p.100
15)「山西工業経済」p.99
16)「山西建設経済」p.100

第四章　山西省における石炭の主要関連産業と石炭の運送

第一節　石炭関連産業の成長

一　石炭関連産業

　石炭産業は、エネルギー産業の一つとして、国民経済や、人民生活などに幅広く関わりをもっている。産業部門においては、石炭の関連産業もいろいろあるが、関連度において、違っているわけである。直接に密接な関連のあるものとしては発電業、コークス製造炭業と石炭化学工業などが挙げられる。間接的に結びつくものには鉄鋼業、鉱山機械工業及び交通運輸業などが挙げられる。表4-1は部門別の石炭消費量とその構成を示したものである。これによると、山西省の石炭の大部分は産業部門で消費されていることがわかる。1978～93年にかけて、山西省の産業部門で消費された石炭の総消費量に占める比率は、77.6％から92.7％へ上がった。そして、一方で、生活関連部門で消費された石炭は、22.4％から7.3％に下がってきた。これは山西省はまだ経済の拡大期に位置しているといえよう。石炭の産業消費のうち、最も多いのはコークス製造炭業であった。1993年には、この部門が総消費量の1/3以上を占めていた。山西省は中国で重要なコークス炭の供給基地として、その生産量は全国の約1/5を占め（1990年に22％）[1]、毎年大量のコークス炭を省内及び全国の鉄鋼産地に供給している。

表4-1　　部門別の石炭の消費量とその構成　　　　　単位：万トン、％

年次	合計	産業消費		そのうち：							生活消費	
				発電		コークス		アンモニア			
		消費量	構成	消費量	構成	消費量	構成	消費量	構成	消費量	構成
78	3949	3066	77.6	705	17.9	713	18.1	126	3.2	884	22.4
80	4326	3378	78.1	727	16.8	642	14.8	125	2.9	948	21.9
85	5566	4539	81.5	1028	18.5	1169	21.0	133	2.4	1027	18.5
90	7292	6541	88.5	1692	23.2	2383	32.7	256	3.5	841	11.5
93	8639	8007	92.7	2263	26.2	2951	34.2	299	3.5	632	7.3

出所：山西省統計局、「山西統計年鑑・1995」、中国統計出版社、1995、p.167

　産業消費石炭の次に来るのは発電業である。80年代には、発電用の石炭はさほど増加しなかったが、90年代に入って、石炭火力発電所の建設のテンポが速まったため、その石炭の消費も大幅に増加した。そして1993年には総消費量の1/4以上（26.2％）を占めた。

　山西省では、石炭を原料として使用する分野では、アンモニアを合成して、窒素系肥料を製造する石炭化学工業が発達している。ただ、山西省のアンモニア用石炭の総消費量に占めるシェアは僅か3.5％(1993年)である。

　本章では、石炭産業に最も深い関連のあるコークス製造業と発電業を取り上げ、その地域的展開過程を明らかにする。

二　関連産業の成長

　石炭は鉱山から掘り出した一次エネルギーであり、人工で加工した二次エネルギーと比べて、炭産地での付加価値が低く、しかも輸送コストがかかるため、炭産地でできるだけ原炭を転化・加工して、出荷することが期待される。これは地元産業構造高度化の一つの道とも考えられる。山西省では、改革・開放以来の1978～94年にかけて、原炭の生産量を大いに増加させたが、同時にそれは原炭の省外への輸送量の増加であった。当然輸送量の生産量に占める割合は、1978年より1994年のほうが大きくなった（表4-2）。その結果、

輸送力の不足が一層深刻になった。同時に石炭開発による地元の利益が流出し、産業構造の高度化はなかなか進まなかった。これは、国家的需給に基づく政策の結果であり、山西省の実情でもある。つまり、南部と東部の沿岸地域の経済発展を促すために、その石炭の需要に応じるという国家規模の政策である。それに加えて、山西省においては、石炭の転化についての技術や、資金、それに用水不足などの問題もあって、特に80年代にはそうであった。90年代に入って、全国エネルギー供給不足の多少の緩和と山西省の経済力の増強などによって、原炭輸送量の生産量に占める割合は次第に減少してきた。1994年の輸送量は、石炭の生産量が相変わらず増加したものの、石炭の洗浄や、石炭火力発電などの関連産業の成長によって、前年よりも減少した。

表4-2　石炭生産量と域外に輸送量の比較　　単位：万トン

	生産量	輸送量	輸送料／生産量(%)
1978	9825	5270	53.6
1980	12103	7718	59.3
1985	21418	13562	63.3
1990	28597	19218	67.2
1994	32397	20868	64.4

資料：山西省統計局、「山西統計年鑑・1995」、中国統計出版社、1995、p.167、p.168

　また、二次エネルギーへの転化（表4-3）について見ると、1952〜85年の30年間余りにわたって、原炭の転化はほとんどなかった。その転換率は、火力発電はただ3.3ポイント上昇し、洗浄炭とコークス炭はむしろ下回った。それ以降の10年ほどは、転化率を急速に上げ、1994年に至って、22ポイント以上も上回るようになった。この石炭の関連産業の成長は、国の山西省「エネルギー・重化工基地」建設政策の成果と言える。

　また、山西省から省外に提供したエネルギーの構成では（表4-4）、1985〜94年にかけての原炭の比率は95.8％から83.6％に下がったと同時に、電力、洗浄炭、コークス炭はいずれも大幅に増加した。

　総じて、山西省の石炭は、全国特に沿岸地域のエネルギー需要を満たし、全国の経済発展に多大な貢献をした上で、本省の産業構造の高度化にも貢献してきたと言える。

表4-3　二次エネルギーへの転化率（％）

	転化率	そのうち: 火電	洗浄炭	コークス炭
1949	4.04	0.81	3.23	—
1952	8.30	0.76	4.88	2.66
1957	6.33	1.19	3.80	1.34
1962	11.86	2.77	3.37	5.73
1965	9.94	3.19	2.83	3.91
1970	9.44	3.84	2.78	2.82
1975	13.19	5.01	3.66	4.52
1980	11.28	4.68	3.02	3.57
1985	8.85	4.06	2.23	2.56
1990	17.08	5.37	5.29	6.42
1994	30.88	6.55	11.04	13.3

資料：山西省統計局、「山西統計年鑑・1995」、中国統計出版社、1995、p.165

表4-4　エネルギー源の省外供給量の構成

	原炭	電力	洗浄炭	コークス炭
1978	95.3	0.2	3.9	0.6
1980	95.9	0.2	3.4	0.5
1985	95.8	0.7	2.1	1.4
1990	89.0	1.5	5.1	4.4
1994	83.6	2.5	6.4	7.5

資料：山西省統計局、「山西統計年鑑・1995」、中国統計出版社、1995、p.167

第二節　コークス炭業

一　改革・開放前のコークス炭業

　1978年に山西省稷山県で出土した金代古墓の中に、500斤のコークス炭が発見されたことによって、山西省ではコークス炭の製造が遅くとも宋代にすでに行われたと推測されている[2]。そして、一般には近代になって、土法に

よるコークス炭の製造が盛んになってきたと言える。省内で初めての機械コークス炭企業は、前述したように、閻錫山の創設した西北実業公司であった。1932年に当公司の下に西北鉄鋼工場が設けられ、1937年に生産能力12万トンのコークス炉が建設された。しかし、その当時、戦争の影響で、中華人民共和国成立までの間は、断続的に生産したため、能力いっぱいの生産はできなかった。

中華人民共和国成立後の国民経済回復期、山西省では土法でのコークス炭生産を復活させると同時に、限られた資金を重点的に機械コークス業の建設と改造に投下した。まず、1950年に、投資380万元、太原鋼鉄公司（もとの西北実業公司の鉄鋼工場）のコークス炉の改造が行われた。次に、1953年には、長治鉄鋼工場のコークス炉を対象に回復建設をした。

1958～60年の太原鋼鉄公司への投資は2,405万元で、コークス炉が1基建設された。その計画能力は45万トンであった。また、長治鉄鋼工場でも投資510万元で、コークス炉2基が新設された。その計画能力は10万トンであった。このほかにも、この3年間に、「大躍進」運動の影響で、省内各地に相次いで土法コークス炉が作られ、1960年のコークス炭生産量は255.28万トンに達し、1957年に比べて2.2倍も増加した。しかし、1962年にはまた93.8万トンに落ち込んだ。その後、調整政策のもとで、コークス炭の生産は徐々に回復し、1965年には97.4万トンにまで達した。しかし、1966年から始まった「文化大革命」の影響が出た。特に最もひどかった1967～69年の3年間には、1966年の生産量よりそれぞれ18.2%、39.5%、24.9％減少した。1970～72年には、臨汾鋼鉄公司で投資1,400万元、二つの機械コークス炉を新設し、生産能力は20万トン増加した。また、1975年には太原焦化廠で投資1,900万元で、機械コークス炉1基が新設され、生産能力は20万トン増加した。その当時、「小化肥」などの「小工業」が盛んになり、コークス炭に対する需要も増加して、コークス炭の生産量は大幅に増加した。特に土法コークス炭の生産量は、1975年には、1965年の実績を5.5倍も上回った。当時の土法コークス炭の総生産量に占めるシェアは、22.5%から58.8%に上昇した（表4-5）。

その後、1978年に至って、太原鋼鉄公司で、投資4,054万元、新設コークス炉1基、増加生産能力は45万トン、山西焦化廠でも投資2,000万元、生産能力は28万トン増加した。

表4-5　　コークス炭生産量の推移　　　単位：万トン

	総生産量	改造コークス炭	土法コークス炭
1949	7.54		
1952	42.49	21.5	21.5
1957	78.72	26.5	52.2
1962	93.79	63.6	30.2
1965	97.39	75.5	21.8
1975	241.74	99.7	142.0
1980	320.95	160.9	160.1
1985	417.34	225.6	191.7
1990	1069.27	1516.1	93.2
1994	4278.95	——	——

資料：山西省統計局、「山西統計年鑑・1995」、中国統計出版社、1995, p.278
　　　「山西工業経済」編集委員会、「山西工業経済」、山西経済出版社、1993, pp.102～104
　注：——は資料なし

二　改革・開放後のコークス炭業

　80年代に入って、山西省「エネルギー・重化工基地」建設の全面的な展開に伴って、コークス炭製造業の発展も速まった。1981年、山西焦化廠で投資2,060万元、新設コークス炉1基、増加能力は28万トンで、1984年には太原焦化廠でコークス炉2基、増加生産能力は45万トンなどがあった。

　1984年から、山西省は環境汚染を減らすため、土法コークス炉（原始の方法でコークを作る機械）の代わりに、改造型のコークス炉（新しい方法でコークスを作る機械）を普及させることにした。それを受けて、多くの小規模コークス炭工場で新しいコークス炉を導入した。その結果、環境汚染の減少と共に、コークス炭の質も上がってきた。しかし、それにしても、「六五」期に、郷村炭鉱の急速な発展に伴い、しかもコークス炭市場が原炭市場より有利となり、コークス炭を造ろうというブームが起こったため、改造型のコークス炉を普及したにもかかわらず、土法コークス炭の生産も相変わらず多かった。資料によると、1985年に、孝義県の七つの郷鎮だけで、土法コーク

ス炉の数は3,157に上り、コークス炭の年間生産量は27万トンにもなった[3]。これらのコークス炉は資源の浪費だけでなく、環境にも大きな影響を与えた。

「六五」期以降コークス炭製造業の一つの特徴としては、山西省の地方炭鉱では、単純に原炭生産からコークス炭の生産に変えたものである。1985年に至って、建設して操業に入ったこのような炭鉱コークス工場は、盂県石店・和順県・柳林県・汾陽県晋冀・左権県・靈石県・潞城県店上・盂県南婁郷・垣曲県窰頭などの炭鉱で見られた。

「七五」期に入って、山西省ではコークス炭製造業が発展する中で、それまでの経験と教訓を総括して、「大型工場を発展させ、改造型コークス炉を奨励し、土法コークス炭を厳しく抑える」という方針が打ち出された。それを受けて、1990年のコークス炭の生産量は大幅増の1,609.3万トンになった。そのうち、改造コークス炭が1,516.1万トン、土法コークス炭が93.2万トンで、1980年と比べると、総生産量が4.0倍、改造コークス炭が2.1倍、それぞれ増加したが、土法コークス炭が51.4％減少した。注目したいのは、その改造コークス炭の伸び率である。改造コークス炭とは、改造コークス炉で造り出したコークス炭である。この改造コークス炉の特色としては、従来の伝統的なコークス炉や大型工場で使う先進的なコークス炉と違って、環境汚染の原因になっているガスなどの有害物質を部分的に回収できる施設のことである。表4-5を見ると、1985年にわずか3.9万トンであった改造コークス炭の生産量は、5年後の1990年には、1,022.3万トンとなり、総生産量の63.5％を占めるまでになった。その伸び率は山西省の郷鎮企業が大いに発展したことを示すものと考えられる。こうした改革・開放前後のコークス炭製造業の変化は、国或は地方政府の政策によるところが大きかったと言える。

第三節　電力業

統計で電力業は、火力と水力電力それに原子力などが含まれるが、本研究に取り上げた電力業とは、主に石炭を使う火力発電である。山西省において、火力発電は石炭によるものだけであるが、水力発電のエネルギー生産量に占めるシェアは長年にわたって、わずか0.1前後にすぎないため、ここでの論

述は省略する。

一　発展概況

　山西省の電力業は1908年から始まったが、1949年当時、省内にはわずか10数か所の小型発電所しかなく、発電能力は4.08万KW、発電量は0.44億KWHに過ぎなかった（表4-6）。これが建国後山西省電力の出発点であった。

表4-6　発電量と発電設備能力の推移

単位：億KWH、万KW

	発電量	設備能力		発電量	設備能力
1949	0.44	4.08	1975	77.85	154.46
1952	1.53	5.62	1980	120.24	248.18
1957	5.72	16.71	1985	184.59	376.82
1962	17.99	42.99	1990	314.16	589.13
1965	25.70	51.98	1994	156.93	861.14
1970	42.05	70.22			

資料：山西省統計局、「山西統計年鑑・1995」、中国統計出版社、1995、p.114、p.278「山西工業経済」編集委員会、「山西工業経済」、山西経済出版社、1993、pp.109～114

（一）発電量の増加

　表4-6に示したように1949～1994年にかけての間に、山西省の発電量は約1000倍に増加した。更に、時期ごとの年平均増加率から見ると（表4-7）、「一五」期と「二五」期には、25％以上のスピードで増加したが、それ以降は大体10％の増加率であった。このことから、「一五」期と「二五」期に急速に発展していったと思われるが、最初の発電量が低かったために、増加率が上がったと考えられる。実際に各時期の増加量から見ると（表4-8）、「一五」期はわずか1.09億KWH、「二五」期でも4.19億KHWに過ぎなかった。本格的な伸びは「五五」期以降のことであった。それは改革・開放以来の国の山西省「エネルギー重化工基地」建設の実施の結果と言える。この時期に、経済の著しい発展、特に工業の大幅な伸びがあった。発電量の増加は工業総生産の増加と比べると、「五五」期はちょうど1になっており、「六五」期は0.78、

「七五」期になって、ようやく1.0を超えた（1.1）。1976〜90年の15年間の発電量は、それまでの26年間の4.1倍になり、年平均増加率は9.7%であった。

表4-7　時期別工業総生産・原炭生産量・発電量の増加率

単位：%

	工場総生産	原炭生産量	発電量
一五期	23.2	19.0	30.2
二五期	7.3	6.1	25.8
調整期	11.2	7.3	12.6
三五期	6.7	6.2	10.4
四五期	6.9	7.3	13.1
五五期	9.1	9.3	9.1
六五期	11.4	12.1	8.9
七五期	10.2	6.0	11.2
1953〜1994	11.9	8.6	14.5
1979〜1994	11.9	7.7	9.5
1986〜1994	13.8	4.7	10.6

資料：山西省統計局、「山西統計年鑑・1995」、中国統計出版社、1995、p.37

表4-8　時期別発電量と発電設備能力の増加

単位：億KWH、万KW

	発電量 増加量	発電量 増加率(%)	設備能力 増加量	設備能力 増加率(%)
回復期	1.09	247.7	1.54	37.7
一五期	4.19	273.9	11.09	197.3
二五期	12.27	214.5	26.28	157.3
調整期	7.71	42.9	8.99	20.9
三五期	16.35	63.6	18.24	35.1
四五期	35.80	85.1	84.24	120.0
五五期	42.39	54.5	93.72	60.7
六五期	64.35	53.5	128.64	51.8
七五期	129.57	70.2	212.31	56.3
1991〜1994	145.77	46.4	272.01	46.2

資料：山西省統計局、「山西統計年鑑・1995」、中国統計出版社、1995、p.114, p.278
　　　「山西工業経済」編集委員会、「山西工業経済」、山西経済出版社、1993、pp.109〜114

（二）設備能力の拡大

1949年に山西省の発電設備能力は僅か4.08万KW、1994年には、210倍増の861.14万KWであった。その中の大きな発展時期は、やはり「五五」期以降である。ただ、設備能力の増加率は発電の増加率より低いことから設備利用率の向上の結果と言える。全省発電設備利用時間では、1949年には僅か1,600時間であったが、1952年は2,781時間に、更に「一五」期末の1957年には3,883時間に上がった。「大躍進」の1958年には、4,905時間、1959年は6,068時間、更に1960年には7,175時間まで上がった。しかし、1966年には5,990時間に下がることになった。「文革」後期から90年代初頭にかけて、発電設備能力は発電量及び電力業総生産と大体近い増加率で発展してきた。1976年から1990年までの14年間に、全省増加発電能力は434.67万KW、1952年〜1976年の24年間増加の150.38万KWの2.9倍、年平均増加率は9.3％であった。

（三）省外に供給の強化

1949〜1980年の30年余の間について見れば、山西省は全国的な原炭の供給基地ではあったが、電力の供給基地とは言えなかった。その時期に生産された電力はほとんど省内で消費され、省外への供給は僅かであった（表4-9）。「エネルギー重化工基地」建設以来、原炭の供給は引き続き大量に行われると同時に、電力の供給も大幅に伸びてきた。1980年に省外に供給した電力量はわずか2.8億KWHで、総生産量の2.3％に過ぎなかった。しかし、1994年に至ると、その供給量は約46倍の128.75億KWHに上がった。また、総生産量に占めるシェアも2.3％から28.2％まで上昇した。

表4-9　発電量と域外供給量の比較

単位：億KWH、％

	発電量	設備能力	供給量／発電量
1978	106.63	2.75	2.6
1980	120.24	2.80	2.3
1985	184.59	20.07	10.9
1990	314.16	64.68	20.6
1994	456.93	128.75	28.2

資料：山西省統計局、「山西統計年鑑・1995」、中国統計出版社、1995年、p.167、p.278

二　発電所の建設

（一）改革・開放前の発電所建設
1、「文化大革命」前

　1949年に省内の発電所は太原・大同両地域に集中していた。回復期に、山西省の電力業は「既存基礎の潜在能力を十分に発揮する」という方針に基づいて、まず大同発電所の回復建設が行われた。当時の大同発電所は戦争で破壊されたままであった。1949～52年までの3年間で大同発電所に408.4万元が投資され、新規増加生産能力は1.15万KWHとなった（表4-10）。次いで建設されたのは陽泉発電所の拡大であった。この建設によって、大同・陽泉の両鉱業都市に立地する採炭、製鉄などの産業に十分な電力を供給できることになった。

　「一五」期に入って、計画的な経済発展が本格的に始まった。この期、省内で建設された主な火力発電所は大都市に位置する太原第一発電所（一・二期）、太原第二発電所、大同発電所であった。

（1）太原第一発電所の建設：一期工事はその当時全国の156プロジェクトのひとつで、1953年に始まり、1955年に操業に入った、投資額は6,261.9万元、新規増加発電能力は4.9万KWであった。この発電所は発電と共に蒸気熱も生産した。一期工事が終了したところで、太原市の電力負荷の増加によって、直ちに二期工事に入った。二期工事は1957年に完成し操業に入った。その新規増加発電能力は2.5万KWであった。

（2）大同発電所の建設：1954年に建設が始まり、1958年に操業に入った。新規増加能力は3.9万KWで、その発電所も蒸気熱を生産する発電所になった。

（3）太原第二発電所の建設：「一五」期に、太原地域の石炭・冶金・化工・機械などの産業の発展によって、電力需要量が大幅に伸びることが予測され、それに加えて太原市の工業区が市域の北部地域に広がるため、太原第二発電所を建設することになった。1956年から建設して、1958年に操業に入り、新規増加能力は5万KWであった。

　そのほかに、「一五」期に、各工場自身で建設した発電所やその他の小型発電所の建設もかなりの数に昇った（表4-11）。

「二五」期に、特に最初の3年間の「大躍進」期に、山西省は北から南へ、西から東へ、発電所の建設が全面的に展開された。大小の火力発電プロジェ

表4-10　改革・開放前火力発電所の建設(大・中型)

単位：万KW

時期	発電所名	新設と拡張の別	増加能力	開始年	竣工年
回復期	大同	回復	1.15	1949	1952
	陽泉	拡張	0.25	1951	1954
一五期	太原第一	新設	4.9	1953	1955
	太原第一	拡張(一期)	2.5	1955	1957
	大同	拡張(二期)	3.9	1954	1958
	原第二	新設	5.0	1956	1958
	長治	新設	0.5	一五期	一五期
二五期	太原第二	拡張(二期)	5.0	1960	1966
	太原第一	拡張(三期)	10.0	1958	1960
	大同	拡張(三期)	1.2	1959	1960
	陽泉	拡張(二期)	2.4	1959	1966
	長治	拡張(二期)	1.2	1958	1960
	太原鋼鉄公司	新設	2.4	二五期	二五期
調整期	大同	拡張(三期)	2.5	1964	1966
	長治	拡張(三期)	0.6	1964	1965
文改期	娘子関	新設	20.0	1966	1975
	霍県	新設	20.0	1968	1974
	霍県	拡張(二期)	20.0	1974	1978
	神頭	新設	10.0	1973	1977
	巴公	新設	2.4	1965	1969
	巴公	拡張(二期)	2.4	1970	1971
	侯馬	新設	5.0	1965	1970
	侯馬	拡張(二期)	5.0	1971	1972
	永済	新設	10.0	1970	1974
	大同	拡張(四期)	5.0	1971	1975
	大原第一	拡張(四期)	1.2	1971	1973
	太原第二	拡張(三期)	10.0	1966	1972
	恒山	新設	2.4	文革期	文革期
	武郷	新設	1.2	文革期	文革期
	沁源	新設	1.6	文革期	文革期

資料：「山西建設経済」編集委員会、「山西建設経済」、山西経済出版社、1991、pp.119～127

表4-11 改革・開放前火力発電所の建設（小型）

単位：万KW

時期	発電所名	設備能力	時期	発電所名	設備能力
調整期	霍県鉱務局	1500	二五期	保徳	500
	紅衛機械廠	4500		岢嵐	500
	陽方口	1500		汾陽	500
	河曲	1500		沁県	500
一五期	軒崗炭鉱	3480	文革期	左権	
	汾西鉱務局	3900		中陽	
	淮海機械廠	2000		興県	
	臨汾	1450		偏関	
	太原第六	2500		五台	
二五期	軒崗炭鉱	1500		沁水	
	中条山公司	3750		臨県	
	霍県炭鉱	1500		郷寧	
	晋西機械廠	1500		柳林	
	山西機床廠	1500		隰県	
	臨汾	8600		蒲県黒龍関	
	運城	6000		寧武東寨	
	晋城	4100		広霊	
	陽方口	1500		交口康城	
	朔県	2000		離石	
	天鎮	1000		渾源	
	渾源	1000		朔県	
	陽城	1500		天鎮	
	五台東冶	880		河曲	
	侯馬	1500		陽城	
	離石	600		聞喜	
	沁源	1500		霊丘	
	聞喜	750		沁源	
	洪洞	1500		臨汾鋼鉄公司	
	偏関	500		臨汾紡織公司	
	河曲	500		五四一廠	
	寧武	500		平定炭鉱	

資料：「山西建設経済」編集委員会、「山西建設経済」、山西経済出版社、1991、pp.121〜127

注：「文革」期の発電所の設備能力は併せて8.25万KWであった。

クトは80余に達したが、その中には、いわゆる「小火電」が多かった。ただそれらの多くはその後の「調整」期に、「調整・強化・充実・向上」の「八字」方針のもとで、建設停止になったものも多い。「二五」期と「調整期」に建設した大・中型発電所は、主に太原第一・第二発電所、大同発電所、陽泉発電所及び長治発電所で、いずれも主要工業都市の発電所の拡張であった。

2、「文化大革命」期

「三五」期から、「三線建設」の政策が打ち出され、電力建設の方針も大きく変わった。山西省は内陸に位置し、山も多く、全国の「三線建設」の重点地域に当たったため、発電所の立地は都市から離れ、山間地域を指向した。そして1966〜1975年にかけての10年間に娘子關・霍県・神頭の三つの大型発電所が建設された。また、山西省東南部と南部の工・農業生産用電の需要を満たすために、巴公・侯馬・永済の三つの発電所を、そして戦争の備えのために、恒山などの八つの発電所を新設した。新設の他に、太原・大同・陽泉の発電所の拡張も行われた。

この時期、山西省で、相次いで20余の小型発電所も誕生した。

(1) 娘子關発電所の建設：娘子關発電所は山西省で初めて単機能力10万KWの大型火力発電所であった。発電規模は40万KWで、二期に分けて建設することにした。計画によると、戦争に備えるため、機械は全て山の洞窟の中に設置された。その工事は1966年に始まったが、事故が頻発したこと、それに工事が遅れたことによって、1969年に国家水利電力部はこの計画を修正して、洞窟の外に建設することにした。その結果、洞窟の中の工事は総て廃止されるという大きな損失を出した。損失資金は500万元とも言われている。ともかくその一期工事は1975年に完成した。

(2) 霍県発電所の建設：霍県発電所も「三線建設」の政策に沿って建設された単機能力10万KWの大型火力発電所であった。立地の場所も山の中が選ばれた。発電規模は娘子關発電所と同じ40万KWで、一期は20万KWであった。この発電所の建設は1968年から始まり、1974年に一期工事が終わってから、直ちに二期工事に入った。

(3) 神頭発電所の建設：神頭地域は石炭と水資源が豊富で、良好な大型発電所建設の条件を備えている。70年代初期、雁北・忻県両地区への電力供給が著しく不足したため、この発電所の建設を決定した。1973年から工事が始ま

り、1977年に完成した。
(4) 巴公・侯馬・永済発電所の建設：巴公・侯馬・永済の発電所の建設は、山西省東南部と南部の工・農業生産と、住民生活用電力を賄う重要な発電所であった。巴公発電所は1969年操業に入ってから、1980年の漳澤発電所の完成までは晋東南地域の主たる発電所としての役割を果した。侯馬発電所と永済発電所も、今日まで依然として、山西省南部の主要発電所と言える。
(5) 戦争に備える発電所の建設：1966年、戦争に備えるため、省内の渾源県・靈丘県・武郷県・沁源県・沁水県・交口県・大同市郊区などで八つの発電所の建設が行われた。これらの発電所は辺鄙なところに立地し、施工が困難で、コストも相対的に高くなり、効果も低いため、操業に入っても、正常な発電が維持できず、そのうちの一つは初めから建設中止になり、他の四つは閉鎖となって、あとはただ三つの発電所が存続していた。
(6) 小型火力発電所の建設：「文化大革命」期の10年間、山西省では、臨汾鋼鉄公司、絳県五四一機械廠、平定炭鉱、臨汾紡績廠、潞城鉱務局、霍県鉱務局などの六つの企業附属発電所が建設されたほか、各県・郷で23の小型火力発電所が建設された。その23の発電所は表4-12の通りである。

表4-12　「文化大革命」期に建設された小型発電所

左権県	中陽県	興県	偏関県	五台県	沁水県	臨県
郷寧県	柳林県	隰県	広霊県	離石県	渾源県	天鎮県
河曲県	陽城県	朔県	聞喜県	靈丘県	沁源県	
蒲県黒龍関	寧武県東寨	交口県康城				

資料：「山西工業経済」編集委員会、「山西工業経済」、山西経済出版社、1993、p.113

(二) 改革・開放後発電所の建設

「文化大革命」が終わって、1978年に開かれた中共第十一次三回会議で、全国の重点はそれまでの政治中心から経済の発展に転換されることになった。政府は「電力を中心とするエネルギー業の発展を速める」という方針を出した。それに関して、周恩来首相は、「石炭輸送を少なく、電力輸送を多くし、炭鉱で大型の発電所を作ろう」と宣言し、この呼びかけに従って、山西省に「エネルギー重化工基地」を建設することが決定された。これを受け

表4-13　　改革・開放後火力発電所の建設

単位：万KW

発電所名	新設／拡張の別	増加能力	開始年	竣工年
大同第二	新設	120	1978	1988
神頭	拡張(二期)	40	1978	1981
神頭	拡張(三期)	80	1982	1987
神頭第二	新設	100	1987	1993
漳澤	新設	20	1984	1986
漳澤	拡張(二期)	81	1987	1991
太原第一	拡張(五期)	60	1987	1992
陽泉河坡	新設	10	1989	1992
永済	拡張(二期)	10	1985	1988
永済	拡張(三期)	5	1989	1993
楡社	新設	20	1992	1994
太原第二	拡張(四期)	40	1991	1994
大同第一	拡張(五期)	10	1990	1993
山西鋁廠	新設	11	1993	1986
太原東山炭鉱	不明			
原平	不明			
臨県	不明			
蒲県	不明			
平陸	不明			
武郷	不明			

資料：「山西建設経済」編集委員会、「山西建設経済」、山西経済出版社、1991、pp.130〜132
　　　山西省統計局、「山西統計年鑑・1995」、中国統計出版社、1995、p.677

て、山西省の電力業は発展の「黄金期」を迎えることとなった。この時期に建設された多くの発電所は規模が大きいのが特徴である（表4-13）。

1、雁同地域火電基地の建設

(1) 大同第二発電所の新設：大同第二発電所の発電規模は120万KWで、1978年に工事が開始され、1984年の操業と同時に、北京に電力を輸送し始めた。1988年には六つの発電機器が総て完成した。今華北地域電力ネットワークのキーステーションとなっている。

(2) 神頭発電所の拡張：神頭発電所の二期拡張建設は山西省の初の単機20万KWの発電機器で行われたものであった。工事が終わった1981年当時、山西

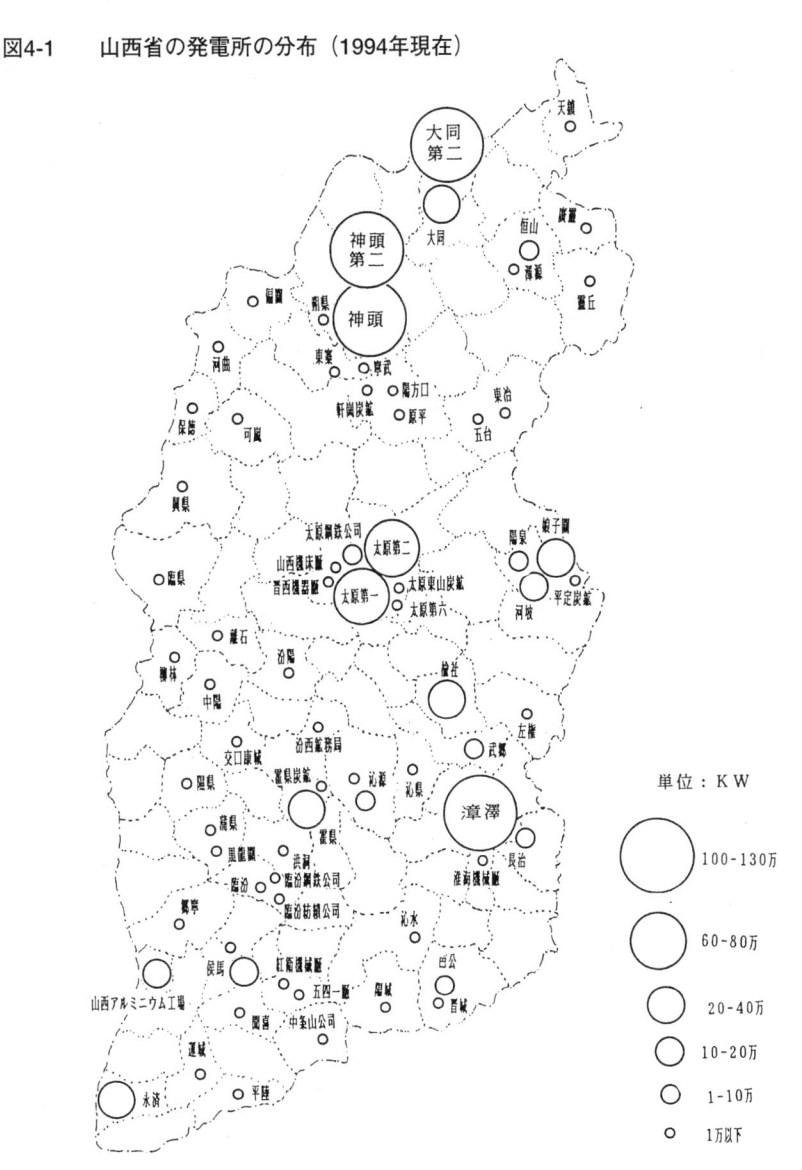

第四章　山西省における石炭の主要関連産業と石炭の運送　115

図4-1　山西省の発電所の分布（1994年現在）

単位：KW
- 100-130万
- 60-80万
- 20-40万
- 10-20万
- 1-10万
- 1万以下

出所：「山西建設経済」編集委員会、「山西建設経済」、山西経済出版社、1991、pp.119～132
　　　山西省統計局、「山西統計年鑑・1995」、中国統計出版社、p.677により作成

省で最大の発電所（50万KW）となった。その後1982年から三期工事に入り、1987年に完成し、当時全国で3番目の発電所（130万KW）となった。
(3) 神頭第二発電所の新設：1987年に建設が始まって、1993年に完成した。発電規模は100万KWであった。

　1994年現在、以上の雁同地域の火電基地での発電能力は371.6万KWに達し、全省の発電能力の43.2％を占め、省内最大の火電基地となっている。この基地から、毎年華北地区の京・津・唐工業地域に大量の電力を供給し、華北地域の経済発展に多大な貢献をしている。

2、晋東南地区漳澤発電所の新設

　省内最大の沁水炭田に位置する漳澤発電所は、山西省東南部の重要な火電基地である。当発電所の発電規模は104万KWで、1984年から工事が始まって、1991年に総て完成した。

3、中部地域の太原第一発電所の拡張（五期）

　70年代に入って、太原市の電力不足が益々厳しくなり、既存の発電能力はその需要に応じきれず、そのため、太原第一発電所の拡張（五期）が決まった。新規増加能力は60万KWであった。工事は1987年に始まり、1992年に完成した。この発電所の建設により、太原地域の電力不足が緩和されると同時に、山西省南部にも供給した。その結果、北部の雁同地域はより多くの京津唐地域への電力輸送ができるようになった。そのほか、発電所から出た蒸気熱は太原市区の需要の半分を賄った。

　そのほかに、「多方面から資金を集め、発電所を作ろう」という方針のもとで、山西省は中・小型の発電所の建設を進めた。その中では、陽泉市河坡発電所の新設（10万KW）や、永済発電所の拡張（三期、5万KW）などがあった。また、山西鋁廠（アルミニウム工場）、太原東山炭鉱などの企業附属発電所と原平県・臨県・蒲県・平陸・武郷などの地方小発電所もそうした背景から建設された例である（図4-1）。

第四節　省外への石炭運輸

一　交通ルートの概況

　山西省の交通運輸手段は、鉄道、道路を主とし、空路と水路を補助とするネットワークが形成されている。1995年末の省内の鉄道総延長は2,435キロメートルで、道路の総延長は33,600キロメートルである。民間空路は28線あり、太原から北京、広州、上海、天津、海口など30余りの都市に向かう直行便が運行されている。また、大同からは、北京、西安など、大都市への便が出ている。

　1994年度山西省の交通運輸業の部門別運輸指標は、表4-14に示している。表によれば、貨物量と旅客量は鉄道より、道路の方が多いが、貨物と旅客の運送量は逆に鉄道の方が多い。特に貨物の運送量（貨物量×運送距離）は、鉄道が76.2％を占めている。鉄道は、山西省運輸業の命脈と言っても、言い過ぎではない。

　また、統計によると、1994年の山西省から各省・市・自治区への貨物搬出

表4-14　山西省の交通運輸業の部門別運輸指標（1994年）

	鉄道	道路	水路	航空	合計
営業路線（キロ）	2331	32693			
貨物量（万トン）	25698	36786	85	0.77	62570
比率（％）	41.1	58.8	0.1		100.0
貨物運送料（万トンキロ）	5340640	1668914	303	1033	7010890
比率（％）	76.2	23.8	―	―	100.0
旅客量（万人）	3498	17081	―	46	20625
比率（％）	17.0	82.8		0.2	100.0
旅客運送量（万人キロ）	845953	811875	―	52334	1710162
比率（％）	49.5	47.4		3.1	100.0

資料：山西省統計局、「山西統計年鑑・1995」、中国統計出版社、1995、pp.362～366

量の22,825万トンのうち、最も多いのは石炭で、全体の85.7%に当たる19,565万トンに達している。次に多いのは、コークス炭（4.6%）である。この二つを合わせると、なんと90%以上を占めている。その他、割合多いのは、鋼鉄（3.0%）、鉱石（2.3%）で、その他石油、セメント、木材、肥料、食糧などは全部で4.4%にすぎない。そのことから、石炭の搬出が極めて多いことがわかる。一方、全国各地から山西省への貨物は、山西省から各省・市・区への貨物より、かなり少ない。搬出の22,825万トンに対して、搬入は2,035万トン、1/10にも足りない。そのうち、鉱石は31.7%、石油は9.9%、鋼鉄は8.0%、木材は7.5%、食糧は5.0%、その他は、日常消費品などが多い。交通運輸にかかる問題は、搬出と搬入のアンバランスが浮き彫りになっている[4]。

　石炭の運輸では、鉄道による搬出量が2億トン近くの18,616.85万トンに昇り、総搬出量の86.8%を占めている。このことから山西省の鉄道の重要性が窺える。これについては、「六五」期以来、重点としても明確に位置づけられており、鉄道建設も山西省の石炭輸送増強を重視したものであり、大同〜秦皇島の石炭専用の鉄道線や、候馬〜月山鉄道線などの新設と共に、省内の既存鉄道の電化や、複線化なども急がれている。その他、道路の建設も重要で、特に高速道路の新設にも力を注いできた。そして、1996年6月25日には、全長144キロメートルの太（原）旧（関）高速道路が全線開通した。これは省内の初の高速道路である。今、山西省では、11の鉄道線によって省外と結ばれており、人体の血管のように交通のネットワークが形成されている（図4-2）。

二　省外への石炭運送

　以上で明らかなように、山西省は全国の石炭・エネルギー基地として重要な役割を果たしてきた。つまり、山西省で産出した石炭・コークス・電力などは全国各地に供給されている。省外への石炭供給量は、1994年に2億トンを超え、言うまでもなく全国一の供給省である。供給される地域は、全国で西南、西北部のごく僅かな省・区を除いて、全国の24の省・直轄市・自治区まで広がっている。特に東部沿岸の、いわゆる経済発達地域に大量の石炭を供給している。各省・市・区別の石炭搬出量（表4-15、図4-3、図4-4）から見る

第四章　山西省における石炭の主要関連産業と石炭の運送　119

図4-2　山西省の鉄道分布図

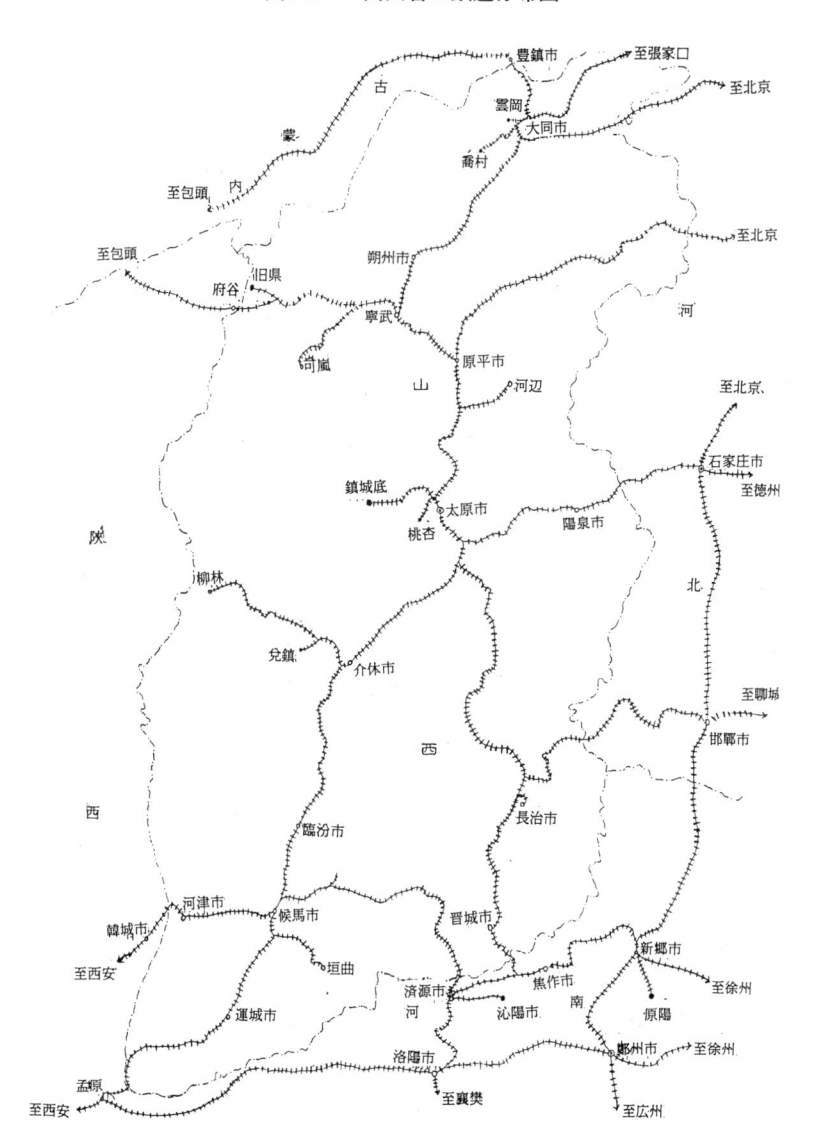

出所：「中華人民共和国分省地図集」、中国地図出版社、1995

表4-15　山西省から各省（市、区）への石炭供給量（1994年）

単位：万トン

省、市、区	総搬出量	比率（％）	総搬出量のうち：鉄道	総搬出量のうち：自動車	自動車搬出量の比率（％）
北京市	1434.15	6.69	1327.94	106.21	7.74
天津市	1810.15	8.44	1696.51	113.64	6.28
河北省	4113.15	19.18	2416.95	1696.20	41.24
内蒙古	222.78	1.04	124.32	98.46	44.20
遼寧省	1342.79	6.26	1342.79		
大連市	177.41	0.83	177.41		
沈陽市	62.04	0.29	62.04		
吉林省	154.56	0.72	154.56		
黒龍江	46.54	0.22	46.54		
上海市	1218.79	5.68	1218.79		
江蘇省	2087.02	9.73	2087.02		
南京市	62.03	0.29	62.03		
浙江省	829.22	3.87	829.22		
寧波市	109.92	0.51	109.92		
安徽省	393.51	1.83	376.71	16.80	4.27
福建省	205.59	0.96	205.59		
厦門市	6.30	0.03	6.30		
江西省	108.13	0.50	108.03		
山東省	2069.64	9.65	1841.56	228.08	11.02
青島市	49.45	0.23	49.45		
河南省	1050.18	4.90	541.57	508.71	48.44
湖北省	512.81	2.39	509.68	3.14	0.61
武漢市	104.91	0.49	104.91		
湖南省	266.98	1.24	266.98		
広東省	724.00	3.38	724.00		
広州市	123.10	0.57	123.10		
深圳市	187.60	0.87	187.60		
海南省	59.25	0.28	59.25		
広西区	130.44	0.51	130.44		
陝西省	149.58	0.70	91.09	58.49	39.10
西安市	23.00	0.11	23.00		
青海省	15.68	0.07	15.68		
寧夏区	15.47	0.07	15.47		
甘粛省	0.64	0.00	0.64		
国外	1583.72	7.38	1583.72		

資料：山西省統計局、「山西統計年鑑・1995」、中国統計出版社、1995、p.168

と、河北省が4,113.15万トンで、最も多い。これに続いて江蘇省と山東省がそれぞれ2,087.02万トン、2,069.64万トンで、2,000万トンを超えている。ほかに1,000万トン以上の省・市は、天津市（1,810.15万トン）、北京市（1,434.15万トン）、遼寧省（1,342.79万トン）、上海市（1,218.79万トン）、河南省（1,050.18万トン）で、いずれも経済規模が大きい省・市である。

地域的に見れば、北京市・天津市・河北省・内蒙古自治区中心とする華北地域への搬出が一番多く、全搬出量の1/3以上の35.4%を占めている。このあたりは山西省から一番近いところで、幾つかの交通通路があって、鉄道と道

図4-3　山西省から各省・市・自治区への石炭供給量（1994年）

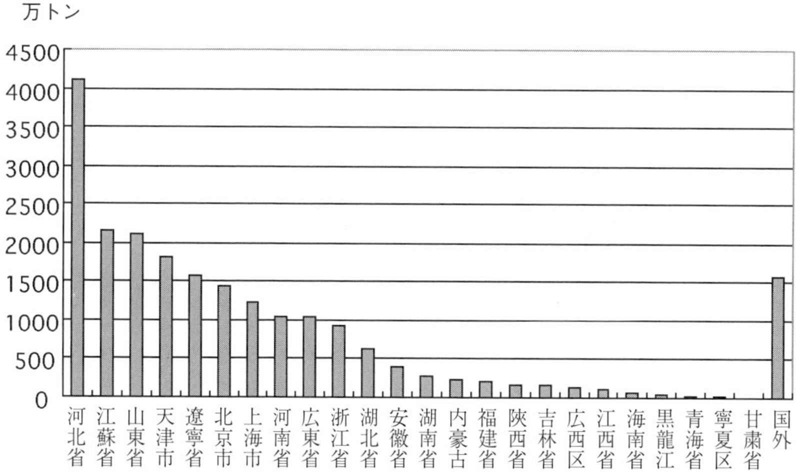
万トン
4500
4000
3500
3000
2500
2000
1500
1000
500
0
河北省
江蘇省
山東省
天津市
遼寧省
北京市
上海市
河南省
広東省
浙江省
湖北省
安徽省
湖南省
内蒙古
福建省
陝西省
吉林省
広西区
江西省
海南省
黒龍江
青海省
寧夏区
甘粛省
国外

資料：山西省統計局、「山西統計年鑑・1995」、中国統計出版社、1995、p.168

路とも運輸が便利である。他の地域と比べると、鉄道による搬出は多いものの、道路運送も盛んでいる。特に河北省への搬出は、全体の41.2%に相当する1,696.2万トンが道路によるものである。

上海を中心とする華東地域は、中国の経済の心臓と言われている。経済発展の大きな制約になっているのは、エネルギー供給の不足である。いわば、山西省の石炭に大きく頼っている。この地域は、上海の他に、山東省・江蘇省・浙江省・安徽省・福建省・江西省を含めて、山西省の石炭搬出量の1/3に当たる33.28%を占めている。今後の石炭需要の増大に対応するためには、

122

図4-4 省・市・区別の石炭搬出量（1994年）

1. 河北
2. 北京
3. 天津
4. 遼寧
5. 吉林
6. 江蘇
7. 上海
8. 四川

資料：山西省統計局、『山西統計年鑑・1995』、中国統計出版社、1995、p.168

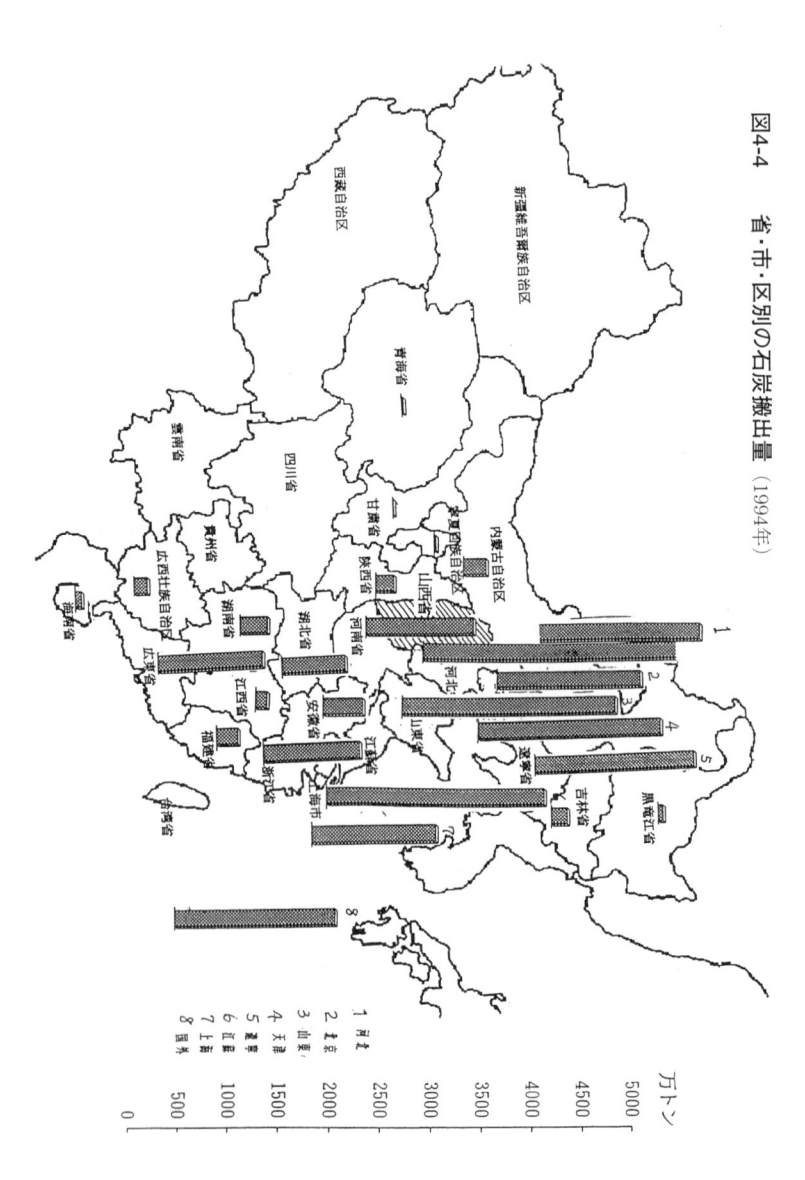

輸送手段の改善が必要とされている。

　また、河南省・湖北省・湖南省を中心とする華中地域と広東省・海南省・広西自治区を中心とする華南地域も、山西省で産出した石炭を使っている。特に、河南省は、隣に位置しているから、近くて、交通の便もよく、運送量は1,000万トンを超えている。そのうち、半分近くを道路に頼っている。その他、広東省は、広州市と深圳市への運送量も含めれば（統計上は分けているが）1,034.7万トンで、いま一つの1,000万トン以上の省になっている。この華中地域と華南地域全体で、山西省石炭の搬出量の14.6％を占めている。

　東北地域は、もともと石炭の主な産地であったが、採掘により剰余埋蔵量の減少及び経済発展に伴う消費量の増加で、山西からの石炭も必要になった。黒龍江省と吉林省は僅かであるが、重工業の発達している遼寧省では、大連市・沈陽市も含む総輸送量は、1,582.24万トンに達している。東北地域の三つの省で、山西省石炭の搬出量の8.3％を占めている。

　西部地域には、山西省に比較的近い所で、ある程度の搬出があるが、全搬出量のわずか0.95％にすぎない。この地域では、経済の規模が小さいか、または遠くて、交通の便もよくないか、あるいは当地にも石炭を産出するか、いずれかの原因がある。

　国内各地に供給すると共に、国外にも輸出している。1994年の輸出量は1,583.72万トンになり、全運送量の7.4％を占めている。

　以上の分析で示したように、山西省石炭の運送の方向は基本的に東向と南向である。これは、中国における「北炭南送、西炭東運」の局面形成の決定的な要因になっている。東部沿海の華北と華東の二つの地域だけで、山西省の石炭搬出量の2/3強を占めている。これに、華中・華南地域及び国外への輸出分を加えると、90％以上に上っている。これらの運送は、大体山西省を中心にして、東方向の同じ緯度、南方向の同じ経度に囲まれている地域に集中している傾向が見られる。

　周知のように、中国では、経済の急速な発展に伴って、エネルギー供給不足問題は更に深刻になってきている。このエネルギー問題は、交通運輸の問題と大きく関わっている。というのは、中国のエネルギー資源が一部の地域に偏在しているため、その輸送に膨大な設備とコスト及び建設時間がかかるからである。例えば、山西省から上海までは1,500〜2,000キロメートル（ち

なみに、東京駅から在来線の東海道、山陽線、鹿児島本線を通って西鹿児島駅までが1,500キロメートル）の輸送距離である。いわば、交通運送力不足の解消が鍵になっている。山西省では、既存鉄道、道路の整備と共に、新しい線路の建設も進んでいる。

注：
1)「中国能源統計年鑑・1991」、p.98
2)「山西工業経済」、p.102
3)「山西工業経済」、p.104
4)「山西統計年鑑・1995」、p.367、p.368

第五章　山西省における石炭産業と地域経済との関連

第一節　地域経済構造（工業を中心に）

一　産業構造とその変化

（一）第二次産業中心の産業構造とその変化

　建国当時の山西省の産業構造は、全国と同じ農業中心のそれであった。1952年の産業別の総生産額（表5-1）のうち、第一次産業が半数以上の58.7％を占めていた一方で、第二次産業はわずか17.2％にすぎなかった。また、第三次産業は24.1％であった。その後、大規模な鉱工業建設につれて、鉱工業は急速に増加してきた。改革・開放の始まった1978年には、第二次産業のシェアは58.5％に達した。それに対して、第一次産業は規模が拡大したものの、そのシェアは次第に20.7％まで減少してきた。この時期には、山西省の産業構造は全国と同様に、農業中心から工業中心に転換した。一方、第三次産業は、過去の第3位から第2位に上がり、代わって第一次産業が第1位から第3位に落ちている。この構造変化は全国あるいは諸外国の産業発展の趨勢にも適合している。しかし、第三次産業と第二次産業の差は僅か0.1％であった。第三次産業の場合は、実総生産額が増加したものの、全産業に占める比率は、24.1％から20.8％へ、むしろ減少した。それは長い間、中国全国での「生産を重視し、生活を軽視する」傾向の結果とも言える。改革・開放以来、ようやく第三次産業の重要性が提起され、その実額・比率とも徐々に増加し続け

てきた。第一次産業の実額は増加したが、比率は常に減少傾向にあった。それで、第二次産業も実額が大幅に増加していたが、比率の方は減少し始めた。

表5-1　山西省の産業構造　　　　　　　　　　　単位：％

		1952	1978	1980	1985	1990	1994
1、国内総生産のうち三次産業の構成	第一次産業	58.7	20.7	19.0	19.3	18.8	14.5
	第二次産業	17.2	58.5	58.4	54.8	48.9	51.6
	第三次産業	24.1	20.8	22.6	25.9	32.3	33.9
2、工業総生産額のうち軽重工業の構成	軽工業	35.2	23.7	26.0	23.8	24.5	23.3
	重工業	64.8	46.3	74.0	76.2	75.5	76.7
3、軽工業生産額の内部構成	農産品原料	80.8	78.3	49.3	73.1	67.5	62.5
	非農品原料	19.2	21.7	20.7	26.9	32.5	37.5
4、重工業生産額の内部構成	採掘工業	60.4	40.1	42.3	44.5	38.0	31.3
	原料工業	24.6	28.2	32.3	27.8	32.6	40.3
	製造業	15.0	31.7	25.4	27.7	29.4	28.4
5、基本建設投資額のうち三次産業の構成	第一次産業	0.8	1.0	2.3	0.8	1.2	0.3
	第二次産業	68.3	63.1	61.7	63.7	71.6	52.5
	第三次産業	30.9	25.9	36.0	35.5	27.2	39.9
6、エネルギー使用構成	第一次産業				9.3	6.1	6.0
	第二次産業				64.8	72.0	72.3
	第三次産業				4.0	5.7	6.6
	民生				21.9	16.2	15.1
7、産業別従業員の構成	第一次産業		65.1	61.0	49.9	48.0	45.4
	第二次産業		19.6	24.9	29.3	29.3	31.3
	第三次産業		15.3	14.1	20.8	22.7	23.3

資料：山西省統計局、「山西統計年鑑・1995」、中国統計出版社、1995、p.18、p.48

　山西省では、1994年時点の国内総生産額から見れば、第一次、第二次、第三次産業に占める比率は、それぞれ14.5％、51.6％、33.9％であった。三次産業の順序は二・三・一であった。これは、中国の殆どの省で見られるごく普通の産業構造である。先進国の三・二・一の産業構造と比べると、中国はまだ鉱工業主体の国家に位置している。山西省で最も大きい生産額をあげるのは、鉱工業と建築業からなる第二次産業であった。つまり、山西省は第二

次産業を中心とする産業構造であった。いろいろなサービス産業を含む第三次産業が全体の1/3以上であったが、まだ十分に発達しているとは言えない。農業を中心とした第一次産業は建国以来減少し続けたが、まだ2桁以上を示しており、山西省の産業構造の低さを語っている。産業別の従業者数から見ると、その状況はかなり深刻になっている。1994年には、第一次産業の従業者数の比率が、半数近くの45.4％を占めていた。これに対して、第二次産業、第三次産業の比率は、それぞれ31.3％、23.3％しか占めていなかった。

(二) 鉱・重工業を主とする工業の業種構成

山西省では、建国以来の長期間にわたって、長く鉱・重工業を優先的に発展させる方針を採っていた。この方針に沿って、軽・重工業の比率は1952年の35.2：64.8から1978年には23.7：76.3となり、重工業は迅速な発展を遂げることとなった。1978年以降は、全国的に軽工業の生産が重視され、軽工業のウェイトはわずかに回復した。その後、国民経済の発展のスピードアップ、政府によるエネルギー、原材料など鉱・重工業の発展重視の方針に沿って、鉱・重工業の占める比率は再び上昇し、1994年時点の軽工業と鉱・重工業の比率は、1978年に比べて、殆ど変わらず23.3：76.7であった。

全体の23.3％を占める軽工業の内部構造は、農産品を原料にする軽工業が圧倒的に多い。その比率は、1952年に80％以上となった。その後、次第に減少してきているが、1994年に至っても依然として62.5％を示している。

(三) 採掘・原材料工業を中心とする鉱・重工業の構成

鉱・重工業生産の構造から見ると、山西省は採掘・原材料を中心とする初級的な生産構造を持つ省で、製造業の発展はまだ不十分である。それは、山西省で生産された石炭・コークス・鉱石などの原材料や、鉄鋼などの素材がどんどん省外に運ばれ、他の省・市、特に沿岸地域への原料供給地になっていた状況を意味している。1952年の時点において、山西省の鉱工業のうち、採掘・原材料業は85％を占め、製造業はわずか15％であった。その後、製造業のウェイトは、全体の30％を上回るほど倍増し、採掘・原材料業は次第に減少してきた。1978年以降、エネルギー・重化学工業基地の建設に伴って、採掘・原材料生産の比率は、また上昇し始め、1994年にもなお70％を超えている。

(四) 業種別の投資配分と産業構造の形成

以上で述べた山西省の産業構造の形成は、年代別の各産業に投下された資金の影響が大きな原因となったと思われる。

　建国初期の山西省は、全国と同様に経済基盤が極めて弱く、経済力が小さかった上、農業が中心で、工業はかなり少なかった(表5-1を参照)。そのため産業の基盤となる第二次産業を大いに発展させるために、重点的な投資政策を採ってきた。

　基本建設投資の産業別配分によれば、1952年では、第二次産業は68.3%に達し、その次は第三次産業の30.9%で、第一次産業はほんの0.8%であった。それ以降、第二次産業の投資配分はずっと高い水準（60%以上）で続いた。改革・開放以来、「山西石炭・エネルギー・重化学工業基地」建設の政策を打ち出され、鉱・工業への投資はさらに増えていった。1990年時点で71.6%まで上がった。90年代に入ってから、第三次産業の重視に伴って、その投資も増え始めた。それにしても、第二次産業の第一位の位置は変わっていない。建国以来、山西省の第二次産業中心の投資政策は、長年にわたって実施されてきた。その結果、今の鉱・工業中心の産業構造が築き上げられた。

(五) エネルギー消費の構成と産業構造

　第二次産業を中心とする傾向は、産業別エネルギー源の使用構成から見ても裏付けられる。資料に制限があるため、改革・開放以来公表された統計資料だけを取りあげてみると、そのエネルギー源の大部分は、第二次産業によって消費された。1985年には、国民生活消費の21.9%のほか、産業消費は78.1%に上った。全体のうち、鉱・工業を中心とした第二次産業が64.8%に達し、第一次産業、第三次産業合わせてもわずか13.3%にすぎなかった。1994年になると、国民生活消費は15.1%に下がり、産業消費は84.9%まで上がった。そのうち、第二次産業のエネルギー源の消費率はさらに72.3%に上り、それに対して、第一次産業と第三次産業の合計は12.6%まで減少していた。このことから、エネルギー産業、特に石炭産業は、山西省の経済発展を支えたものと言える。また、このエネルギーの消費構成は、山西省の産業構造形成原因の一つとも言える。

二　大・中規模企業から見た工業の地域的構造

（一）企業の規模

山西省における工業の規模別構成に関しては、以下の特徴が見られる。

1、大・中規模企業は工業の根幹であり、その大部分は全民所有の企業である。1994年の大・中規模企業の工業総生産は、省内工業総生産額の52.4％を占めている。これは、改革・開放後、山西省で「石炭・エネルギー・重化学工業基地」建設の政策が打ち出され、国家投資で重点的新設大企業と本来ある企業の拡大建設によるものと考えられる。いま一つの原因としては、内陸部にあたる山西省では、沿岸部に多く建てられた郷鎮企業がそれほど発達していないことが考えられる。

2、大・中規模企業は主に鉱・重工業部門に集中している。1994年の場合、243の大・中規模企業のうち、鉱・重工業は企業数の82.3％、工業総生産の88.9％をそれぞれ占め、工業製品の生産量もかなり大きなシェアを占めている。建国以来、山西省での投資は始めから鉱・重工業に重点が置かれ、特に「山西石炭・エネルギー・重化学工業基地」建設以来、鉱・重工業への投資は一層増加して、鉱・重工業のシェアはさらに上がってきた。

3、小規模企業の場合は、改革・開放以後、沿岸部には及ばないものの、以前と比べると、国家政策の影響で、郷鎮企業と個人企業の数及び総生産額が大きく伸びてきた。1994年の小規模企業の数は11,109に、総生産額は47.6％に達し、大中規模企業との差はわずかである。ただ、小規模企業についての詳しい資料の入手が困難なため、ここでは、大中規模企業を取りあげて論ずることにしよう（付表1、付表2、表5-2）。

（二）鉱・重工業の立地特徴

山西省は、鉱・重工業企業を中心とする構造を持つ省である。これは、山西省の自然・人文条件と国の需要及び政策との結びつきから生まれたものである。

山西省の鉱・重工業は、主に石炭業・電力業・鉄鋼業・非鉄金属業・化学工業・機械工業と窯業・土石製造業からなっている。石炭業・電力業についてはすでに述べたので、ここではこれ以外の産業について述べよう（図5-1、図5-2）。

大中規模鉄鋼業には五つの企業がある。そのうち、省都の太原市に立地している「太原鋼鉄公司」は省内で最大規模の鉄鋼企業で、省鉄鋼総生産額の

表5-2　各地域の産業別シェア（企業数、総生産額、職工人数）
　　　　大・中型企業（1994）

単位：％

北部地域	企業数	総生産数	職工人数	中東部地域	企業数	総生産数	職工人数
石炭業	37.9	25.8	46.7	石炭業	31.0	50.0	36.8
電力業	29.6	41.3	31.4	電力業	29.6	29.2	33.6
鉄鋼業	20.0	2.7	1.8	鉄鋼業	20.0	82.6	68.8
非鉄金属業	14.3	5.3	2.6	非鉄金属業	42.9	23.7	14.5
化学工業	17.9	15.5	10.9	化学工業	57.1	67.3	74.2
機械工業	11.2	12.5	11.5	機械工業	57.3	51.5	55.1
窯業土石業	26.7	33.6	30.4	窯業土石業	66.7	66.3	67.4
紡績業	10.0	16.0	12.2	紡績業	50.0	54.2	60.7
食品業	28.6	17.6	21.7	食品業	57.1	27.8	32.2
製紙印刷業	11.1	2.2	6.7	製紙印刷業	55.6	67.4	64.9
東南部地域				西南部地域			
石炭業	17.2	17.8	11.4	石炭業	13.8	6.3	5.1
電力業	14.8	14.9	12.9	電力業	22.2	13.9	22.2
鉄鋼業	20.0	8.9	14.8	鉄鋼業	20.0	5.7	12.8
非鉄金属業	0.0	0.0	0.0	非鉄金属業	42.9	71.0	—
化学工業	7.1	2.8	2.2	化学工業	17.9	14.4	12.7
機械工業	14.6	15.5	17.4	機械工業	15.7	20.2	—
窯業土石業	0.0	0.0	0.0	窯業土石業	0.0	0.0	0.0
紡績業	10.0	2.7	3.9	紡績業	25.0	26.1	22
食品業	0.0	0.0	0.0	食品業	0.0	0.0	0.0
製紙印刷業	0.0	0.0	0.0	製紙印刷業	22.2	12.2	19.2
西部地域				地域の合計			
石炭業	0.0	0.0	0.0	北部地域	19.3	18.3	27.1
電力業	3.7	0.8	—	中東部地域	50.2	53.4	48.2
鉄鋼業	0.0	0.0	0.0	東南部地域	11.1	10.9	10.8
非鉄金属業	0.0	0.0	0.0	西南部地域	16.5	14.7	13.0
化学工業	0.0	0.0	0.0	西部地域	2.9	2.7	0.9
機械工業	1.1	0.3	0.3				
窯業土石業	6.7	0.1	2.2	山西省	100.0	100.0	100.0
紡績業	5.0	0.1	0.1				
食品業	14.3	24.6	46.1				
製紙印刷業	11.1	18.2	9.2				

資料：山西省統計局、「山西統計年鑑・1995」、中国統計出版社、1995、より筆者作成

図5-1　山西省石炭業・電力業分布図（大・中型企業、1994年）

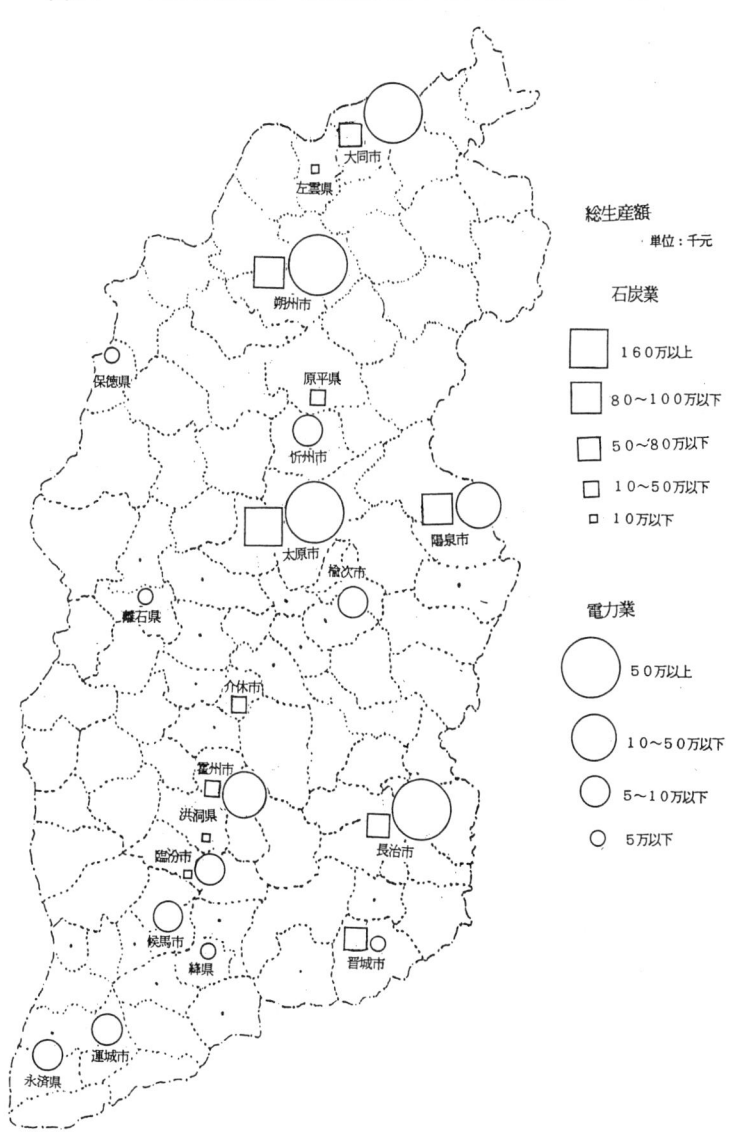

資料：山西省統計局、「山西統計年鑑・1995」、中国統計出版社、1995、より筆者作成

132

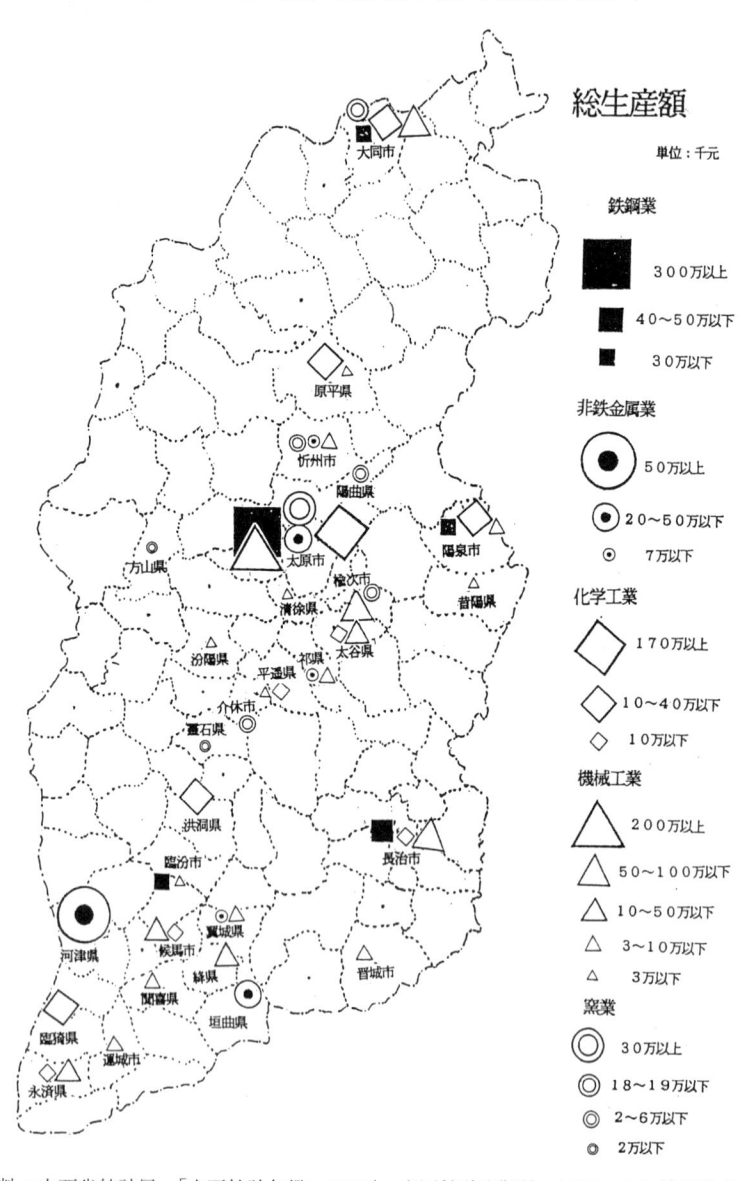

図5-2　山西省重工業分布図（大・中型企業、1994年）

資料：山西省統計局、「山西統計年鑑・1995」、中国統計出版社、1995、より筆者作成

80％を占めている。全国でもその名を知られる主に特殊鋼を生産している大企業の一つである。これは、1932年に当時の閻錫山政権により、付近の鉄鉱石、石炭などを利用するために建てられたものである。そのほかの鉄鋼企業は、いずれも中規模企業で、省内の北部・東部・南部・東南部の主要都市に立地している。

　非鉄金属工業は、太原市の他に、省の南部地方に集中している。河津県に立地している「山西鋁廠」は、国内最大の酸化アルミニウム生産企業である。それに、垣曲県に立地している「中条山有色金属公司」は全国の五大銅基地の一つになっている。これらは、その資源と密接な関係がある産業で、いずれも付近の資源を利用している資源産地立地型企業である。河津県の「山西鋁廠」の場合は、全国一と言われるボーキサイト鉱を省内の孝義市から運んできて、当地の豊富な水を利用して作られた企業である。

　山西の化学工業は、硫化鉄鉱などの化学鉱物の採掘業・基本的化学工業原料・化学肥料・化学農薬・染料・ペンキ・有機合成化学工業・日常用化学工業などからなっている。その地域的な特徴についてみれば、主な化学工業基地としては、まず太原市を中心とする総合的な化学工業基地がある。次に、陽泉市を中心とする硫化鉄鉱生産基地がある。それ以外は、ほとんど石炭化学の企業である。例えば、省南部の「霍州鉱務局」にある洪洞県の「山西焦化廠」、省北部の「大同鉱務局」にある大同市の「山西化工廠」、それに「軒崗鉱務局」にある原平県の「原平化肥廠」及び「原平県化工廠」が省内の主な石炭化学企業である。これらの石炭化学企業の立地は、いずれも重要な石炭産地である。

　山西省の機械工業は・農業機械製造業・工業設備製造業・交通設備製造業・電子工業・建築・土木機械製造業・生産用その他機械製造業・生活用機械製造業・生産用金属製品業・日用金属製品業・機械設備及び金属品修理業など数多くの部門からなっている。1990年の山西省の各種機械工業の生産額シェアは、一番多いのが工業設備製造業で、その次は生産用金属製品製造業、それに続くのは電子工業、生産用その他機械製造業、交通設備製造業などである。比較的少ないのは生活用機械製造業、日用金属製品製造業である。最も少ないのは建築・土木機械製造業である。

　そのうち、農業機械製造業は農業の発達した南部に集中している。例えば、

「運城トラクター廠」や、「臨汾動力機械廠」などはその例である。

　共通部品製造業には「長治ベアリング廠」と「山西ベアリング廠」（忻州市）があり、他に「太原標準件廠」、「太原液圧件廠」、「太原液圧機械廠」、「楡次液圧件廠」、「長治液圧件廠」などがある。それらは、いずれも大都市に立地している。というのは、企業の協力関係が求められているからである。山西省は、全国のエネルギー・重化学工業基地として、鉱山・鍛造・起重運輸設備製造業が盛んである。そのうちの「太原重型機器廠」は全国で四つの大廠の一つであり、その他にも、「太原鉱山機器廠」、「山西機器廠」、「山西煤礦機械廠」、「大同鉱山機械廠」、「長治鍛圧工作機械廠」、「太原五一機器廠」など、いずれも省内の重要都市で、石炭産業が発達しているところにある。石炭産業との繋がりが緊密であることを語っている。

　交通運輸設備製造業では、主な鉄道運輸設備製造企業は「大同機車工廠」、「太原機車車両工廠」、「永済電機工廠」などで、それぞれ省内の北、中、南部に立地している。自動車運輸設備製造企業は主に石炭を運ぶトラックの車体を製造している。主要な企業は「大同汽車製造廠」、「太原汽車製造廠」、「臨汾汽車製造廠」などである。

　山西省の軽工業機械設備製造業では、紡績機械製造の企業は楡次市にある「山西紡績機械廠」と同市の「経緯紡績機械廠」で、製紙機械製造の企業は同じく楡次市にある「山西軽工機械廠」、印刷機械製造の企業は「晋城太行印刷機器廠」などである。

　山西省の窯業・土石製品製造業は、主にセメント・板ガラス・石膏・煉瓦・建築陶器などを生産している。主な生産地は次の通りである。

　省内最大の都市太原市では、セメント・板ガラス・石膏煉瓦・建築陶器・耐火材料などの総合的な生産基地であり、しかも規模も大きい。第二位の大同市では、セメント・陶器・炭素などが生産されている。その他に、忻州市のガラス瓶、方山県の石綿鉱、靈石県の石膏鉱などが数えられる。

　要するに、山西省の鉱・重工業は省都太原市を中心とする中部地域から、平野部に沿って南の省境まで延びる細長い凹地帯に集中している。その他には、北部の大同市、南東部の長治市、晋城市のみである。いわば、山西省の工業の分布はかなり偏っていると言える。この状況の形成原因は、山西省の立地条件と密接な結びつきがある。山西省は、南北に沿って長細い中部地域

第五章　山西省における石炭産業と地域経済との関連　135

図5-3　山西省軽工業分布図（大・中型企業、1994年）

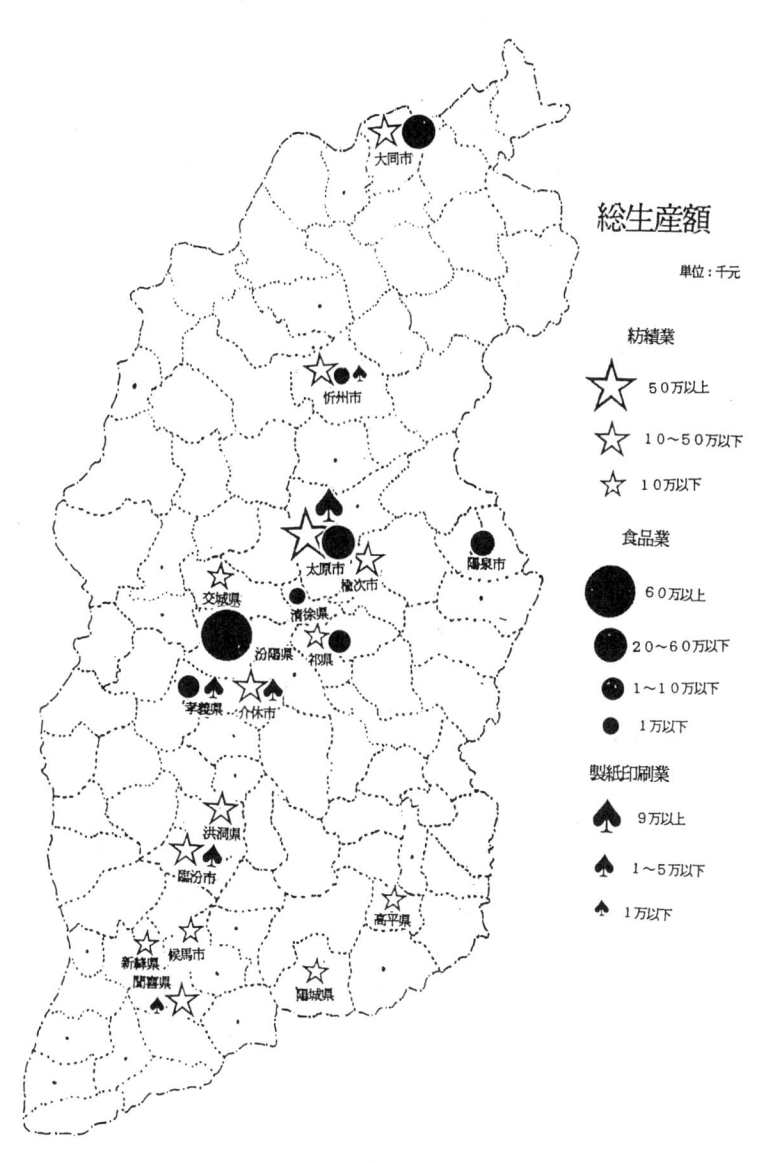

総生産額

単位：千元

紡績業
☆　50万以上
☆　10～50万以下
☆　10万以下

食品業
●　60万以上
●　20～60万以下
●　1～10万以下
●　1万以下

製紙印刷業
♠　9万以上
♠　1～5万以下
♠　1万以下

資料：山西省統計局、「山西統計年鑑・1995」、中国統計出版社、1995、より筆者作成

は、平野、盆地の地形が多く、東部、西部地域より、条件がすぐれている。歴史的にも古くから発達した地域である。その上、省内の主要な交通手段である鉄道、高速道路、一般自動車道路など交通の便も相対的に発達している。一方、これに対して、東部、西部地域には、山地が多く、交通が不便で、水資源も不足し、立ち遅れた地域となっている。

(三) 軽工業の立地特徴 (図5-3)

　軽工業は大きく二種類に分けられる。すなわち、農産品を原料にする軽工業と非農産品を原料にする軽工業である。概ね前者は食品製造・煙草工業・紡績工業・皮革と毛皮加工業・製紙と印刷工業などであり、後者は文教体育用品・化学薬品製造業・合成繊維製造業・日用化学製品製造業・日用ガラス製造業・日用金属製品製造業などからなっている。山西省の軽工業は鉱・重工業より、かなり少ない。軽工業の企業は、規模の小さいものが多く、大中企業が少ない。

　省内の一番大きい食品企業は、汾陽県に位置し、名酒「汾酒」を生産する「山西杏花村汾酒廠」である。当廠の歴史は古くて、およそ1500年前からすでに醸造が始まった。ほかの食品企業は大体太原市、大同市、陽泉市などの大都市に立地している。

　紡績業について言えば、綿花を原料にする綿紡績企業は、ほとんど綿花産地に続く南部に立地している。ここは、原料産地でもあり、消費地でもある。これに対して、毛紡績と合成繊維紡績企業の場合は大都市に立地するケースが多い。これは大都市が持つ技術と繋がると考えられる。全体とすれば、北から南への長細い中部の凹地帯に集中していることが見られる。これは、経済の発達地域と一致している。

　製紙業は水の豊富な汾河流域に立地しているが、印刷業は大都市に集中している。大都市は文教事業が集中しているため、印刷に対する需要は大きいといえる。ただ、「三線建設」の産物としての「山西人民印刷廠」は、省西部の孝義県にある。それは「戦争に備えるため」の当時の考えに基づいて置かれたものである。

(四) 鉱・工業の立地特徴

　山西省鉱・工業の立地については (図5-4)、以下のようにまとめられる。

　1、山西省の経済を支えている鉱・工業地域は、北の大同市から南の永済

第五章　山西省における石炭産業と地域経済との関連　137

図5-4　山西省鉱業・製造業分布図（大・中型企業、1994年）

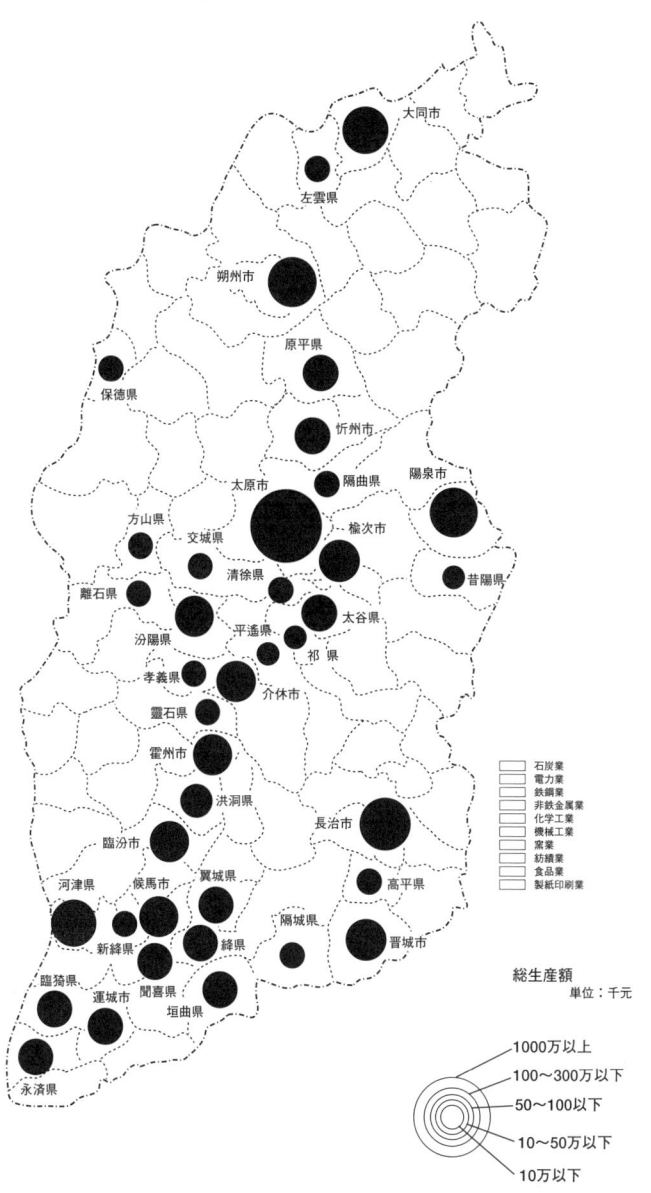

資料：山西省統計局、「山西統計年鑑・1995」、中国統計出版社、1995、より筆者作成

県まで、東の陽泉市から西の離石県まで全省の範囲で広がっている。建国初期の僅かな地域に集中していた状況がすっかり変わってきた。全省的にある程度の工業基盤が築き上げられたといえる。

2、鉱・工業の立地は主に鉄道の同蒲線、石太線、太焦線と汾河両岸の地域に集中している。前述したように、これらの地域は立地条件が恵まれて、昔から発達してきた地域でもある。

3、鉱・工業の業種は、国家の工業業種分類区分による全40種類のうち、山西省では、石油・天然ガス採掘業と塩採掘業以外は、すべて揃っている。そのうち、石炭採掘業、機械工業、冶金工業、化学工業、電力業、紡績業、食品工業などが主な産業となっている。

4、鉱・重工業の比重は、軽工業と比べると、かなり大きい。中国の重、軽工業の分類基準による重、軽工業の比重は、88.8:11.2に達している。各業種別の生産額から見ると、石炭業21.0％、電力業13.5％、鉄鋼業17.0％、非鉄金属業4.7％、化学工業10.3％、機械工業20.2％、窯業・土石製品業2.1％、紡績業6.1％、食品業4.4％、製紙・印刷業0.7％をそれぞれ占めている。

5、大・中規模企業の大部分は、少数の都市に集中しているのが特徴である。1994年に243の大中規模企業のうち、太原市（76）、大同市（27）、長治市（17）、陽泉市（17）、晋城市（8）、朔州市（5）の六つの省轄市だけで150に達し、全企業の61.7％を占めている。また、総生産額の72.9％、職工人数の73.5％をそれぞれ占めている。特に省都太原市への集積率は非常に高い。一つの都市だけで、企業数の31.3％、総生産額の40.8％、職工人数の30.9％をそれぞれ占めている。それは、発展初期の地域でよく見られる現象である。初めは個別の地域に工業が集中し、発展するにつれて、徐々に周辺地域に拡散していく。筆者はこの意味から、山西省はまだ工業発展の初期に立っていると考える。太原市以外の都市は、いずれも地方の中核都市に当たる。それらの都市地域は、いずれも石炭産業の発達する地域であり、石炭産業に対する前方関連、後方関連ともにある総合的な地域といえる。

6、北部地域には、石炭業と電力業が目立っている（表5-2を参照）。すでに述べたように、全国で最大の石炭企業の「大同鉱務局」の所在地である大同市と、全国一の露天掘り炭鉱「平朔煤炭工業公司」の所在地である朔州市に規模の大きい発電所がある。というのは、この地域の石炭は、発電用炭に適

する質を持っているからである。

　次に、南部地域に小規模の窯業・土石製品企業が多いのに対して、北部地域では窯業・土石製品企業の規模が大きいものが多い。

　7、東南部地域では、石炭、電力、機械製造業が主な産業である。この地域は豊富な石炭資源があることと、中国の経済重心である東南部沿岸地域に最も近接する地域であることを考えると、今後もさらに石炭、電力が発展する地域の一つと見られる。

　以上述べた六つの都市地域と二つの地域は、省内の主な産炭地域でもある。その中には、総合的な鉱・工業地域もあれば、単純な産炭地域もある。

　8、西南部地域は、中東部地域と比べると、規模が小さいが、より総合的な鉱・工業地域で、非鉄金属業の銅、アルミニウムなどの発達に特徴がある。また、省内の綿花産地として、紡績業の持つ意味も大きい。この地域は、省内では最も石炭資源の少ない地域でもある。

　9、西部地域は、省内の最も遅れた地域で、工業規模がまだ小さく、総生産額の2.7％しか占めていない。ただ、歴史的に生産を続けてきた大規模の「山西杏花村汾酒廠」の存在により、食品業の比率がかなり大きい。「三線建設」時に立地した印刷工場の存在により、当地域の印刷業の割合がやや高い。

第二節　石炭産業と地域経済

一　石炭生産と産業構造

　前にも述べたように、山西省は、第二次産業中心の産業構造である。1994年度の山西省の国内生産総額（GDP）に占める第一、第二及び第三次産業の割合は、それぞれ14.5％、51.6％、33.9％であった。1978年度と比較して、第二次産業のウェイトが6.9ポイントも下がった。そのうち、鉱・工業のウェイトは1978年の54.7％から45.7％へと9.0ポイントも下がっている。しかし、そうではあるが、山西省はなお鉱・工業中心の地域と言える。特に石炭産業

の割合が大きい。「中国能源統計年鑑・1991」の資料によると、1990年の石炭生産高と石炭産業の生産額が、全国30の省・市・区のうち、山西省だけでそれぞれ26.5％、20.8％を占めている。石炭業以外の産業の生産額では、比較的に大きいのは、ただ電力業と冶金業がそれぞれ4％余となっているだけで、大きなものではなかった。また、1994年の石炭産業の生産額は、全省の鉱・工業生産額の22.4％を占めている。石炭産業は山西省の基幹産業と言えるであろう。

　鉱・工業生産総額の内訳については、石炭・コークス産業は、高い割合を占めてきた（表5-3）。1949年の32.1％から最高の43.0％を経て、1994年に至ってもまだ26.9％を占めている。また、主に石炭を原料にして、二次エネルギーと呼ばれる電力業のウェイトが次第に増大していて、1949年の1.1％から1994年の6.2％に上がってきた。もし石炭・コークス産業と電力産業を合わせてみれば、エネルギー生産額の鉱・工業生産総額に占める割合は1949年の約1/3から1994年に至っても殆ど下がらず、約1/3を占めてきた。こうした二次エネルギーである電力産業の増大は、山西省の産業の進歩とも言える。

表5-3　生産総額から見たエネルギー産業のシェア

（村及び村以下の鉱工業を除く）

単位：万元、％

年次	鉱工業生産額	石炭・コークス業 生産額	シェア	電力業 生産額	シェア
1949	37,318	11,977	32.09	411	1.10
1952	107,784	42,164	39.12	1,062	0.99
1957	306,429	118,317	38.61	4,938	1.61
1963	426,143	183,097	42.97	16,487	3.87
1965	715,565	217,449	30.39	24,668	3.45
1978	1,881,998	542,190	28.81	104,563	5.56
1980	2,049,289	612,844	29.91	116,879	5.70
1985	3,257,456	938,679	28.82	186,984	5.74
1990	4,888,067	1,450,186	29.67	292,542	5.98
1994	6,835,782	1,841,762	26.94	425,508	6.22

資料：山西省統計局、「山西統計年鑑・1995」、中国統計出版社、1995、p.268より算出

こういった山西省の特色のある石炭を中心とする産業構造の形成は、中国全体の石炭需要を満足させよう、あるいは中国の経済を発展させようとした結果である。そのために、石炭・エネルギー生産能力と基本建設投資の増大が必要となっている。

統計によると、改革・開放以来の1979～1994年にかけての15年間に、山西省全省のエネルギーへの基本建設投資は、412.76億元に達した。この額は、それ以前の30年間（1949～1978）のそれの8.2倍、さらに、そのうち石炭への投資は239.3億元で、以前の30年間の7.8倍、電力業への投資は153.6億元で、同じく7.7倍であった。

石炭・電力への基本建設投資の投資総額に占める割合は、国民経済回復期から「五五」期までの間に、石炭は17.9％から19.1％へとほとんどは変わらなかった。ただ、「文化大革命」期にあたる「三五」、「四五」期は、それぞれ9.9％、8.4％まで下がっていた。「六五」期からは、石炭・エネルギー基地の重点建設計画に基づいて、大幅に増加してきた。すなわち、「六五」期は27.2％、「七五」期は29.6％、更に1991年には31.4％に上がってきた。その後、

表5-4　各時期の石炭・電力業への基本建設投資とそのシェア

単位：万元、％

	石炭業 生産額	シェア	電力 生産額	シェア
回復期	4,649	17.9	623	2.8
一五期	57,732	18.0	19,075	8.9
二五期	115,266	18.5	20,302	4.1
調整期	34,123	22.1	5,483	4.2
三五期	55,962	9.9	27,326	9.5
四五期	117,313	8.4	66,354	11.6
五五期	245,660	19.1	93,776	12.7
六五期	579,147	27.2	179,367	12.8
七五期	1,306,073	29.6	479,495	18.0
1991年	444,243	31.4	188,910	24.9
1992年	440,429	25.3	171,226	18.0
1993年	520,785	20.1	269,775	21.7
1994年	472,602	15.3	245,098	16.6

資料：山西省統計局、「山西統計年鑑・1995」、中国統計出版社、1995、p.105より算出

エネルギー投資重点が石炭から電力へ変わってきて、石炭の割合はだんだん低くなった。一方電力は、回復期の投資ではわずか2.8％を占めるにすぎなかったが、次第に増加していて、「七五」期に入って、増加テンポが速まり、1993年には石炭への投資を上回るまでになった (表5-4)。

表5-5　時期別石炭業と電力業の基本建設投資の比較　　単位：万元、％

	石炭・電力合計投資額	石炭 投資額	石炭 シェア	電力 投資額	電力 シェア
回復期	4,631	4,008	86.5	623	13.5
一五期	57,533	38,458	66.8	19,075	33.2
二五期	112,451	92,149	81.9	20,302	18.1
調整期	34,122	28,639	83.9	5,483	16.1
三五期	55,770	28,444	51.0	27,326	49.0
四五期	114,566	48,212	42.1	66,354	57.9
五五期	234,792	141,016	60.1	93,776	39.9
六五期	560,521	381,154	68.0	179,367	32.0
七五期	1,268,228	788,733	62.2	479,495	37.8
1991〜94年	1,802,461	954,313	52.9	848,148	47.1

資料：山西省統計局、「山西統計年鑑・1995」、中国統計出版社、1995、p.106より算出

表5-6　基本建設による新期増加生産能力

	石炭採掘（万トン）	石炭洗浄（万トン）	発電設備（万KW）
回復期	47.1	—	1.61
一五期	1,003.2	—	12.17
二五期	1,570.7	260.0	28.18
調整期	226.0	—	8.38
三五期	612.9	150.0	19.61
四五期	677.5	165.0	83.97
五五期	823.5	—	89.86
六五期	1,881.0	100.0	142.35
七五期	3,608.0	1,986.0	196.94
1991年	1,605.0	1,236.0	58.46
1992年	523.0	336.0	90.55
1993年	156.0	443.0	83.00
1994年	390.0	415.0	40.0

資料：山西省統計局、「山西統計年鑑・1995」、中国統計出版社、1995、p.114より算出

また、石炭と電力業の基本建設投資を100％にして、各時期の石炭シェアと電力シェアを比較すると、同じ結論が得られる（表5-5）。建国以来の回復期から「七五」期にかけての傾向としては、石炭のシェアが86.5％から62.2％に下がっているのに対して、電力業のシェアが13.5％から37.8％に徐々に増加している。特に90年代に入ってから急激に増加している。1991～94年までの電力業への投資は47.1％に昇っている。

石炭・電力業への投資により、その結果として、1978～94年にかけての16年間に、石炭の採掘能力は累計8,358万トン増え、それ以前の30年間の1.8倍、発電能力は累計633.4万KWと、それ以前の30年間の2.7倍となった（表5-6）。

不完全な統計ではあるが、1980～93年にかけての山西省のエネルギー業利潤と税金総額は223億元に達し、山西省の工業利税に占める比率は39.7％であった。また、国家からの政策的扶助による収入は、約150億元に達した。これらの資金が山西省の経済建設と発展の主要な投資資金となってきた。

また、統計からの推計によると、10余年間に、石炭産業によってもたらされた増加額は、全省の新たに増加した国内生産総額の約23％を占め、全工業増加額の50％以上を占めた。もし石炭産業に関連する建築業、交通・運輸業の影響をも含めるならば、石炭業が山西省の経済成長に直接、間接貢献した役割は35％に達すると言われている。

二　石炭産業と産業配置

石炭・エネルギー産業の発展と諸建設計画の完成に伴い、幾つかの中小都市が相次いで誕生し、幾つかの比較的貧困であった地域も経済発展に恵まれた。

また、石炭の大規模な省外輸送に伴い、運輸ネットの建設や整備にも良い機会が与えられた。統計によると、1980～93年にかけて、全省で交通・運輸業建設への投資は106.8億元に達し、山西省基本建設投資総額の14.8％を占め、年平均増加率は16.1％であった。その結果、山西省の1万平方キロメートル当たり鉄道線は1.5キロメートルに達し、全国平均の0.56キロメートルの水準をはるかに超えた。

第三節　石炭開発と地域経済の成長（県・市別から）

一　石炭生産概況

　以上述べたように、山西省では、106の県・市のうち、74.5％にあたる79の県・市では石炭の生産と販売が行なわれている。1994年における石炭の生産量と出荷量は、それぞれ2億トン近くに達している。各県・市において、石炭の生産量と出荷量はほぼ同じで、且つ出荷量のデータが詳しいことから、ここでは、各県・市の出荷量を例として取りあげて論じよう（付表3）。
　各県・市における石炭の出荷量の地域分布を見ると、幾つかの地域に集中していることがわかる。まず、「石炭の都」と呼ばれる大同市をはじめ、左雲県・懐仁県・朔州市・寧武県などの北部地域が最も多い。次に、省都の太原市及び古交市を中心とする中部地域、陽泉市・盂県を中心とする東部地域、長治市・襄垣県及び晋城市・高平市・陽城県などの東南部地域も割合多い。そのほかに、孝義市・靈石県から霍州市・洪洞県まで伸びている中南部地域にも相当程度の石炭出荷量を持っている。それらの地域は、いずれも石炭資源の豊富な大炭田を控える地域で、それぞれ中央炭鉱である大同鉱務局・軒崗鉱務局・西山鉱務局・陽泉鉱務局・潞安鉱務局・晋城鉱務局・汾西鉱務局・霍州鉱務局などの周辺にあたる地域である。西部地域では、河東炭田の石炭埋蔵量が最も多いが、交通の便が良くないため、大規模の開発はまだ行なわれていない。西南部に位置する郷寧県・蒲県はこの地域で飛び抜けて多い。それは、この地域は石炭の埋蔵が少ない山西省南部に位置し、付近の石炭需要を満たすため、重点的に開発してきたためと見られる。特に河津市に立地する「山西アルミニウム廠」の大規模工場の開発に伴い、この地域の石炭開発の重要性が浮上してきた。
　要するに、山西省の石炭の生産と出荷は南北の方向についてみれば、北部の方が南部より多い、東西の方向についてみれば、東部の方が西部より多い。西部地域では、石炭資源はあるものの、自給自足の状態である程度の開発規

模に留まっている。南部地域では、余り資源に恵まれていないから、域外から搬入しなければ、石炭の需要が満たされない。

二　国内総生産額と工業生産額

　山西省では、経済の総量規模を示す国内総生産額はごく少数の省轄市に集中しているのが特徴である。付表3に示すように、1994年、各省轄市の全省の国内総生産額に占める比率は、太原市17.1％、大同市8.7％、長治市4.3％、晋城市4.3％、陽泉市3.5％、朔州市3.0％で、合計すると40.8％に達している。もしあと14の県級市を含めれば、その比率はさらに58.7％に達する。しかし、合わせて20の都市の土地面積は全省土地総面積の17.2％にすぎない。その他の86の県では、土地面積は82.8％に達するものの、生産額は41.3％しか占めていない。省内の六つの省轄市とほぼ同じ水準である。山西省内経済の地域格差問題の深刻さがうかがえる。

　工業生産額についてみると、状況はまた違っている。工業は同じく都市に集中する傾向が見られる一方で、国内総生産額ほどの特定地域への集中は見られない。省都太原市は、省内最大の工業中心ではあるが、全省のうち、国内総生産の17.1％、工業生産額はただの3.9％しか占めていない。ほかの5の省轄市を加えても、全省の工業生産額の10.9％程度にとどまっている。それは、工業は主要都市以外の地域にも発達しているからである。例えば、工業生産額の比較的に多い県・市では、六つの省轄市のほかに、北部地域の左雲県・原平市・忻州市、中部地域の古交市・清徐市・楡次市・介休市・太谷県・祁県・平遥県・靈石県、東部地域の寿陽県・平定県・盂県、東南部地域の潞城市・陽城県、中南部地域の霍州市・洪洞県・臨汾市・襄汾県・翼城県、南部地域の運城市・永済市・河津市・臨猗県・聞喜県・絳県・垣曲県などである。そのうち、石炭資源のない南部地域の県・市を除いて、石炭産業を中心産業とする県・市が幾つかある。

三　石炭産業と地域経済との関連

　中国では、山西省といえば、石炭のイメージが非常に強い。石炭が、山西

省の地域経済に、また省内の人々の生活にどれほどの影響を与えてきたか、一つの重要な研究課題となっている。ここで、省内各県・市における石炭の出荷量と国内総生産額の関連から検討しよう。

付表3で示したように、まず、各県・市の全省の石炭出荷量に占める構成比（C）と同じく国内総生産額の構成比（G）を計算した。そして、CとGの差（α）を着目して、幾つかのタイプに分けて、両者の関連をたどってみた。その考え方としては、ある地域において、石炭出荷量の比率と国内総生産額の比率の差が大きければ大きいほど、石炭の影響が強くなる。このようにして、次ぎの七つに類型分けした（図5-5）。

A型：　　$\alpha \geq 1$
B型：　　$1 > \alpha \geq 0.5$
C型：　　$0.5 > \alpha \geq 0$
D型：　　$0 > \alpha \geq -0.2$
E型：　　$-0.2 > \alpha \geq -1$
F型：　　$\alpha < -1$
G型：　　$C = 0$

ところで、同じ類型の中でも、その県や市の経済規模及び産業構造の違いによって、同じ石炭の生産量と出荷量といっても、石炭の影響力も違うことから、国内総生産額のうち第三次産業の比率により、特にA型、E型、F型の三つの類型の中で、さらに第三産業の比率は1.5％を境に二つの副類型を設けることにした。つまり、A型はA_1型、A_2型、E型はE_1型、E_2型、F型はF_1型、F_2型にそれぞれ分けた。普通は、上述の第三次産業の比率が大きければ、その県や市の経済規模が大きいか、あるいは産業構造は総合的なものが多い。これは、単なる鉱工業の発達している地域とはまた異なる。こうした各類型の県・市は表5-7の通りである。

この分類では、七つの類型のうち、A型からG型へ行けば行くほど、その県や市において、国内総生産額に対する石炭産業のシェアは低くなるといえる。換言すれば、A型からG型に近づくほど石炭産業の影響は薄くなってきていると考えられる。特にG型は、石炭の生産が行なわれていない県・市を指すことになって、石炭産業の影響はなくなる。ここで、このやり方について、幾つかの問題点を指摘しておきたい。

第五章　山西省における石炭産業と地域経済との関連　147

　一つは、ある地域に対する、石炭産業の影響は、その地域の石炭産業の規模によって違ってくるのが当然であるが、その地域の経済の総規模、または産業構造によっても違っている。経済規模の大きい地域、あるいは総合的な経済地域では、石炭産業の規模が同じで全く別の地域と比べると、その石炭産業の影響は小さく見えるであろう。ここでは、同じ類型の中で、できるだけ区別するように工夫をしたものの、資料の制約のため、各県・市の間の比較は困難で、具体的な県・市をあげて、影響の程度を概略的に見ることにする。

　いま一つは、山西省の石炭産業は、およそ四分の三の県・市で行なわれているというものの、実際には、県・市の中で、各郷・鎮にもかなりの違いがある。県・市単位に取り扱うと、平均というの問題も想像できる。ここでも

表5-7　各類型の県（市）名

類型		県（市）名
A型	A₁型	左雲県、懐仁県、寧武県、盂県、寿陽県、霊石県、蒲県、郷寧県、襄垣県、長治県、高平市
	A₂型	大同市、朔州市
B型		山陰県、原平市、古交市、昔陽県、和順県、左権県、武郷県、孝義市、交口県、沁源県、霍州市、古県、陽城県
C型		渾源県、偏関県、神池県、保徳県、興県、静楽県、婁煩県、柳林県、平定県、汾西県、洪洞県、河津市、長子県、沁水県、壺関県、陵川県
D型		広霊県、霊丘県、右玉県、河曲県、嵐県、方山県、臨県、離石県、交城県、中陽県、石樓県、隰県、大寧県、吉県、介休市、安澤県、浮山県、潞城市
E型	E₁型	天鎮県、大同県、応県、五台県、陽曲県、清徐県、汾陽県、平遥県、襄汾県、翼城県、垣曲県、平陸県
	E₂型	晋城市、陽泉市
F型	F₁型	文水県
	F₂型	太原市、楡次市、臨汾市、長治市
G型		陽高県、繁峙県、代県、五寨県、可嵐県、忻州市、定襄県、太谷県、祁県、楡社県、沁県、屯留県、黎城県、平順県、永和県、候馬市、稷山県、新絳県、曲沃県、絳県、聞喜県、万栄県、臨猗県、運城市、夏県、永済市、芮城県

出所：筆者作成

148

図5-5　山西省の県・市別の石炭産業と地域経済関連類型（1994）

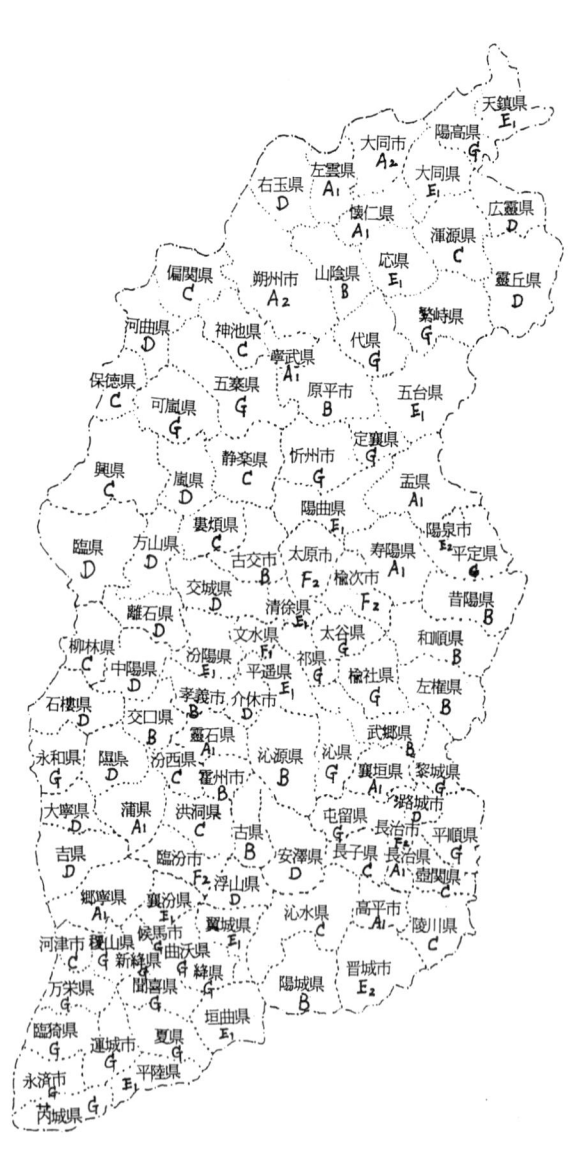

出所：付表3のデータにより筆者作成

資料の制約により、以下の分析では、やむを得ず県・市の統計単位に見ることにした。

以下で行なう分析では、幾つかの問題があるが、ある程度の精度の確保を前提に、山西省の石炭産業と地域経済との関連づけが明らかになると考える。少なくともその影響の傾向は見られるようになる。

（一）**A型**：この類型は、各県・市における石炭出荷量の比率と国内総生産額の差が１以上のタイプで、石炭の影響が大きいとされる地域である。勿論、他の産業の影響も受けているが、その中で大きな影響を受けるものもあるかもしれないのであるが、ここではただ石炭産業の影響だけを取り上げる。A型の県・市は、石炭産業を中心とする13の県・市になっている。この13の県・市の石炭出荷量は、一億トンを超えて10,309.39万トンになり、全省の半分以上の52.3％を占めている。これらの県・市は、すべて石炭の県・市と呼んでよい。その分布を見ると、やはり各中央炭鉱の周辺地域に多い。その中で、最も多いのは、大同鉱務局周辺の大同市で、なんと全省の14.2％にあたる2,791.39万トンに達している。二番目の左雲県も6.4％にあたる1,261.25万トンで、隣の懐仁県を加えると、この地域だけで全省の23.1％を占めている。石炭資源に恵まれたこの地域では、全国一の出炭量の鉱務局として知られている大同鉱務局だけでなく、その周辺も中央炭鉱の技術や、整備された交通・運輸システムなどを生かしている。

中米合作開発している平朔石炭工業公司の平朔露天掘り炭鉱の周辺地域は、いま一つの石炭地域である。朔州市は、大同市・左雲県に継ぐ、1,000万トンの出炭量を超える省内の三大市（県）と数えられている。寧武県も500万トン以上の出炭量がある。朔州市と寧武県とを合わせると、全省の8.6％を占めている。

その他には、潞安鉱務局・晋城鉱務局周辺の襄垣県・長治県・高平市（全省の6.8％）、陽泉鉱務局周辺の盂県・寿陽県（全省の5.2％）、汾西鉱務局・霍州鉱務局周辺の靈石県（全省の2.7％）がある。いずれも大炭鉱の周辺で、その大炭鉱の技術や大炭鉱で採掘不能な所などを利用している。

一つの例外は、大炭鉱と離れている省の西南部の郷寧県・蒲県である。この地域は、河東炭田にあたるところで、資源に恵まれているものの、経済基盤が弱いため、開発が遅れている。前にも述べたように、この地域は、石炭

の乏しい地域に近いので、一定程度の規模に達している。この二つの県では、合わせて石炭出荷量が1,000万トン以上になっていて、全省の6.1％に達している。

今後ともその重要性がますます増えていくと思われる。

　(二) **B型**：この類型は、A型に次ぎ、石炭出荷量の比率と国内総生産額の比率の差は0.5以上のタイプである。このタイプは、13の県・市からなっている。その中で、石炭の出荷量が割りに多いのは、古交市で444.23万トン（全省の2.3％）、孝義市で430.53万トン（全省の2.2％）である。この二つの市はいずれも石炭産業の発展によって、最近県から市に昇格したものである。特に古交市は、豊富な石炭資源と、省都太原市の近郊の位置などによって、大規模な開発が期待されている。一方で、割りに少ないのは、左権県で179.26万トン（全省の0.9％）、古県で135.71万トン（全省の0.7％）しかなかった。ただこの二つの県では、経済の基盤が弱い、国内総生産額の構成はごく僅かであったため、石炭の割合は相対的に多くなるわけである。この意味で、石炭が経済に与える影響は、他の産業より相対的に大きいといえるであろう。

　B型タイプの分布から見ると、上述のA型タイプの外側に分布している傾向が見られる。特に東部、中南部地域に集中している。

　(三) **C型**：C型タイプは、A型とB型に続いて、石炭出荷量の比率が国内総生産額の比率を上回ったタイプである。所属の地域は、全部で16の県・市からなっている。その中で、洪洞県の石炭の出荷量は、391.41万トンになって、多くのB型の県・市よりもかなり高い数字となるが、当県の経済規模が割に大きいため、石炭の影響はそれほど大きく見られない。このタイプは、石炭の構成と国内総生産の構成が接近している県や、市に多い。

　分布の特徴としては、省境の西北部と省境の東南部地域にやや集中している傾向が見られるが、全体から見れば、省内の各地に分散しているといえる。このタイプは、石炭の生産と消費に均衡を保っている。特に西部地域では、交通が不便で、外への搬出、あるいは外からの搬入がともに困難で、ほぼ自給自足の状態になっている。

　(四) **D型**：このタイプは、石炭の出荷量の比率が国内総生産額の比率を下回り0.2以内の類型である。合わせて、18の県・市からなっている。その

中で、介休市、潞城市の両市では、それぞれ200.34万トン、130.13万トンの石炭出荷量の規模が持っている一方、他の県は、全部100万トン以下の県である。その内、隰県、石楼県の両県は、それぞれ1.58万トン、4.30万トンにすぎなかった。各県・市の間の差が大きいことは、それぞれ自身の経済規模に応じたものである。このタイプは、以上の介休市、潞城市の両市を除いて、大体C型のように省境の西部に集中する傾向が見られる。やはり石炭の構成と国内総生産の構成が接近しているため、自給自足の場合が多い。

　（五）E型：D型より、石炭の影響はさらに少ないタイプで、石炭の販売量の比率が国内総生産額の比率を下回り1.0以内の類型である。このタイプは、14の県・市からなっている。その中で、経済規模が大きく、かつ総合的な省轄市である陽泉市と晋城市では、石炭の出荷量はそれぞれ796.27万トン、593.47万トンになっている。そこで、国内総生産中の第三次産業の比率を1.5％指標とし、晋城市、陽泉市をE2型にすることにした。つまり、同じ程度の影響を受けるE型でも、その県や市の経済規模によって、実際の石炭の影響が違っている。

　このタイプの分布は省内の各地にあちこち散在している。言わば、C型とD型が西部あるいは東南部地域に集中しているのと違って、逆に、A型及びB型の更に外側に分布している。石炭資源の制約もあって、周囲のA型、B型地域に依存している。

　（六）F型：石炭出荷量の比率は、国内総生産額を大きく（1以上）下回っているタイプである。つまり、経済規模を示す国内総生産額の中では、石炭の貢献のシェアは少ないタイプである。このタイプの数は少なく、五つの県・市からなっている。その中で、文水県を除いて、他の四つの市は、いずれも省内の重要な経済中心地であり、山西省の経済の中核になっている。省都の太原市は勿論省内の最大の経済中心地であり、楡次市は中部、臨汾市は南部、長治市は東南部とそれぞれその地域の経済中心地である。文水県においては、石炭の販売量の比率が0.1％に対して、国内総生産額の比率が1.2％に達していたことから、石炭以外の産業のシェアが大きくなることを示していることがわかる。

　（七）G型：このタイプは、石炭の開発は行なわれていない類型である。山西省の106の県・市のうち、およそ1/4にあたる27の県・市は、域内に石炭

資源が賦存してない、当然石炭の開発はないため、石炭の影響はゼロとされている。

その分布は、全省各地東から西へ、北から南へとあちこちに散在しているが、西南部に集中していることが見られる。ここは省内で唯一広い地域にわたって、石炭の乏しい地域と言ってよい。

四　一人当たり国内総生産額から見た石炭産業の影響

（一）一人当たり国内総生産の地域格差

山西省では、1994年の一人当たり国内総生産が平均で2,281元である。これを各県・市において見ると極めて不均衡で、地域の格差が非常に大きい。省内の106の県・市のうち、およそ1/3（31.1％）にあたる33の県・市では、平均以上に達している。最高の古交市では8,004元、最低の静楽県ではわずか850元である。その差は9.42倍になっている。他に割合に多い（3,000元以上）のは、太原市（6,956元）、左雲県（6,185元）、清徐県（4,774元）、楡次市（4,128元）陽泉市（4,127元）、大同市（4,126元）、交口県（3,824元）、晋城市（3,765元）、朔州市（3,714元）、汾陽県（3,664元）、陽城県（3,590元）、候馬市（3,544元）、懐仁県（3,464元）、臨汾市（3,373元）、潞城市（3,245元）、長治県（3,131元）、霊石県（3,109元）、陽曲県（3,061元）、孝義市（3,043元）である。これらの県・市では、大都市及びその郊外、あるいは石炭産業を中心とする地域が多い。

一方、相対的に少ない（1,200元以下）のは、静楽県の他に、臨県（879元）、五台県（943元）、嵐県（968元）、方山県（1,016元）、永和県（1,097元）、霊丘県（1,105元）、平順県（1,140元）、興県（1,176元）、夏県（1,194元）である。これらの県・市は、省境の西部地域に位置するか、また石炭のないか、あるいは少ない地域が多い。

（二）一人当たり国内総生産額と石炭の関連

上述のように分けた各類型は、石炭の関連に着目したものであったが、ここでは、A型からG型までの一人当たり国内総生産額を見てみよう。

1、A型タイプは、13の県・市の内、9の県・市が平均額の2,281元を上回り、プラス以上の数は総数の69.2％に昇り、他の4県も平均値に近づいて

いる。

　2、B型タイプは、同じ13県・市の内、平均値以上の県・市が6に留まり、総数の46.2％しか占めていない。

　3、C型タイプは、16の県・市があるけれど、そのうち、2,281元以上に達したのは、太原市郊外の婁煩県だけである。総数に占める比率は6.3％にすぎない。

　4、D型タイプは、県・市の総数が18に達しているものの、一人当たり国内総生産の平均額に達したのは、4で、22.2％である。

　5、E型タイプは、14の県・市のうち、平均以上に達したのは、8で、57.1％である。

　6、F型タイプは、5の県・市で、全部平均以上に達している。

　7、G型タイプは、27の県・市のうち、全部が平均以下で、以上のものは一つもない。

　要するに、A型、B型、E型とF型の地域は、一人当たり国内総生産が相対的に多く、より豊かになっている地域といえるであろう。一方、C型、D型及びG型地域は、相対的貧しいところとされている。

　石炭との関連についてみると、A型、B型地域では、主な石炭産地が多い、石炭の開発により発達していると言っても、過言ではない。C型、D型地域に行くと、石炭の影響は薄くなってきており、国内総生産も低くなってきた。E型、F型地域で、また再び国内総生産が高くなっていたのは、石炭が相対的に少ないものの、別の産業が発展している、もしくは総合的な産業構造を持っているからである。最後のG型では、石炭による影響が全くないどころか、むしろ石炭の購入により財政がマイナスになっている。ここでは逆に石炭の地域に対するプラスの影響がかなりあることを裏付けている。言い換えれば、山西省の石炭産業が、山西省の地域経済を支える役割を果たしてきたといえる。

終　章　むすび

　本研究は、中国で最も重要視される産業の一つであるエネルギー産業と、それについての国・地方政府の政策との関係の分析から始まり、中国のエネルギー構成の中で、最も比率の高くなっている石炭を選んで、その代表的な産地である山西省の石炭産業の時間的、空間的な展開を検討した。そして、山西省における石炭産業と地域経済の関連について検討した。本研究により、以下の諸点に要約できると考えられる。

一　中国におけるエネルギー産業と国から出された政策の関係

　1、中国のエネルギー産業と国民経済の進展の間に深い関連がある。
（1）安定かつ十分なエネルギー供給が経済の持続的発展の重要な要因の一つになっている。中国のエネルギー産業の成長と国民経済の成長が正比例していることがわかる。
（2）エネルギー資源の構成は、国あるいは地域のエネルギー生産と消費の構成に深く影響している。特に中国のような内需主導型の消費大国としてはその影響は更に大きい。
　2、中国の石炭産業と石炭・エネルギー基地の建設は非常に重要である。
　中国で石炭は非常に重要な意味を持っている一方で、その資源の賦存地と消費地は離れている。つまり、石炭の需給の視点から見れば、その供給の確保は極めて重要であることがわかる。そのために、安定的な石炭・エネルギー供給基地の建設は一つの鍵となるであろう。
　3、中央・地方の経済政策は石炭産業を含むエネルギー産業に多大な影響を与えている。
　中国で、計画経済体制を実行した時期、経済発展の特徴としては、政府は

国家計画を通じて、産業や、貿易・社会・教育などの発展を計画した。このことは国民経済と社会発展の各「五カ年計画」と年度計画に具現している。政府が経済と産業に直接的に管轄され、企業は自主性を持っていないため、政府の従属物に過ぎなかった。改革・開放になって、企業の自主性が拡大しつつあるものの、国・政府の経済政策の影響は、形式が変わったが、依然として大きな影響力を持つと言える。そういう意味では、中国の各経済時期における経済政策の研究は重要な地位を占めると言える。

4、石炭産業は、地域経済に密接に繋がっている。

石炭は、元来が固体でかさばったもので、生産における労働依存度が高く、自然条件（埋蔵や立地など）に制約されて、収穫逓減の法則が典型的に働く性格を持っている。石炭産業が発達している地域には、その石炭産業に関連のある産業をなるべく発展させるべきである。というのは、石炭自身の価値は低く、その石炭を使っての直接関連部門を発展させれば、付加価値が出てきて、地域経済発展に有利になる。例えば、コークス炭業・発電業・石炭化学業などの産業部門はその例である。また、間接関連部門はたくさんあって、例えば、鉄鋼業・鉱山機械業・交通運輸業などが上げられる。以上の一連の産業は地域経済の支えとなるケースが多い。

5、産炭地域の持続的発展は迫った課題となっている。

石炭産業は、世界でもはや「斜陽化」傾向が見られたが、中国の場合はまだ大発展時期を辿っている。それにしても、石炭資源は枯渇性資源の典型であり、その石炭産業の衰退は避けられないところである。石炭を開発しているうちに、石炭資源枯渇後の経済持続発展のことを考えなければならないのである。

二　山西省の石炭産業

山西省における石炭開発の過程を時間的、空間的に明らかにした上で、以下のようなまとめが得られた。

1、山西省における石炭産業の発展は国の政策に深く関わっている。
（1）「北の石炭を南に運ぶ」状態を転換させようという政策

山西省では、石炭資源が豊富で、開発コストが低いという優位性は過去の

長い間にあまり十分に利用されなかった。それどころか、「北の石炭を南に運ぶ」状態を転換させようと提起され、山西省への投資を大幅に削減した。より多くの投資は、石炭資源が極めて欠乏し、石炭鉱業の基盤が頗る弱い地区に投下された。その結果として、大量の石炭がそのまま地下に埋蔵されたままで、全国のエネルギー供給不足が一層ひどくなった。改革・解放以前の30年近くの間に、山西省の石炭産業の成長率は、全国の工・農業平均成長率より低かった。特に、第三次「五カ年計画」期に全国工業生産総額は年平均11.7％増であったが、山西省の石炭産業のそれはわずか5.4％であった。また、第四次「五カ年計画」期にはそれぞれ9.1％、7.8％であったが、山西省の場合はいずれも全国より低かった。

1985～90年の石炭採掘業基本建設投資額及び拡張・更新改造額では、山西省は全国20％前後の高い比重を占めていた。また、建国以来各時期における基本建設新規増加の石炭採掘能力については、山西省の全国に占める比率から見ると、第一次「五カ年計画」期は15.2％であったが、その後の約20年間を通して、山西省の石炭開発はあまり重視されていなかったため、ほぼ10％前後に落ち込んでいた。改革・開放以来、山西省は全国の石炭・エネルギー基地として重視され、その比率は大幅に増加し、第六次「五カ年計画」期には24.4％に達した。以前と比べると、2倍以上に増えたことになる。そして第七次「五カ年計画」期には、さらに28.4％まで上がってきた。すなわち、その時期に、全国石炭採掘能力増加の1/4以上は山西省に集中したことがわかる。

（2）「山西エネルギー・重化学工業基地」建設という政策

改革・開放以来、特に1982年に、中央が山西省に石炭エネルギー・重化学工業基地を建設する戦略政策を打ち出した。その中で、本世紀末の山西省の原炭生産量は4億トンに達するという目標を提出した。

1980年代の10年間、改革・開放のもとで、権力下放から請負制の実施へと一連の措置が取られたため、石炭の生産は著しく発展した。原炭の生産量から見れば、1979年に1億トンを突破してから1985年に2億トン台に上げる時間は、わずか6年であった。その増加率は全国同期を59.3ポイント上回った。1990年に至って、石炭生産量は2.86億トンに達し、1985年比33.5％増で、全国同期比を9.6ポイント上回った。1994年の石炭生産量は更に3.24億トンに昇

った。
（3）私営炭鉱の「扶助・整頓・改造・連合経営」という政策
　初めに、「扶助・整頓・改造・連合経営」という方針を打ち出し、一部の郷村炭鉱を選んで発展させた。「六五」期に郷村炭鉱の原炭生産量は29,592万トンに達し、「五五」期比2.2倍増で、「七五」期に更に「六五期」比66.8%増となった。「六五」期と「七五」期に原炭生産量は累計で78,938万トン、1965～1980年にかけての16年間の5.1倍であった。郷村炭鉱の発展によって、山西省非統配炭鉱の原炭生産量は1982年から統配炭鉱のそれを超えた。
（4）「石炭の開発を進めると同時に火力発電所を建設する」という政策
　石炭は鉱山から掘り出した一次エネルギーであり、人工で加工した二次エネルギーと比べて、炭産地での付加価値が低く、しかも輸送コストがかかるため、炭産地にとって、できるだけ原炭を転化・加工して、出荷することが期待される。これは地元産業構造高度化の一つの道とも考えられる。山西省では、改革・開放以来の1978～1994年にかけて、原炭の生産量を大いに増加させたが、同時にそれは原炭の省外への輸送量の増加であった。当然輸送量の生産量に占める割合は、1978年より1994年のほうが大きくなった。その結果、輸送力の不足が一層深刻になった同時に、石炭開発による地元の利益が流出し、産業構造の高度化はなかなか進まなかった。これは、国家的需給に基づく政策の結果であり、山西省の実情でもある。つまり、南部と東部の沿岸地域の経済発展を促すために、その石炭の需要に応じると言う国家規模の政策である。それに加えて、山西省においては、石炭の転化についての技術や、資金、それに用水不足などの問題もあった。特に80年代にはそうであった。90年代に入って、全国エネルギー供給不足の緩和と山西省の経済力の増強などによって、原炭輸送量の生産量に占める割合は次第に減少してきた。1994年の輸送量は、石炭の生産量が相変わらず増加したものの、石炭の洗浄や、石炭火力発電などの関連産業の成長によって、前年よりも減少した。
　2、山西省はエネルギー源の主な供給地として、全国の経済の発展に多大な貢献をした。
　山西省の石炭の生産量は、1949年にはわずか267万トンであったが、1994年には20倍以上増の32,397万トンに達した。全国に占める比率は1949年の9.38%から1990年の26.48%に増えた。また、山西省で生産された石炭は、全

国で山西省以外の29の省・市のうち26の省・市に供給されているほか、外国への輸出もされている。その域外への輸送量は、年々増えており、1978年の5,270万トンから1994年の20,868万トンに達し、全省生産量の約2/3を占めている。1978～1994年にかけて、合計29,247万トンの石炭を域外に輸送したことになる。山西省の石炭の域外への輸送量は全国の省間の域外への輸送量の75～80％を占めている。すなわち、山西省の石炭の域外輸送は、全国経済高速成長の支えとなり、大きな貢献をしてきた。特に、東部沿海省・市へのエネルギー供給に決定的な役割を果たしたと言える。90年代に入ってから、全国のエネルギー供給不足の状況は多少緩和されたものの、全体から見れば、エネルギーの需要量は年々増えており、山西省の石炭の地位に変わりはないと思われる。

3、山西省のエネルギー・重工業・化学工業中心の産業構造は、省内の地域性格及び全国の需要に一致していて、特色のある産業体系が形成されている。

4、これと関連して、今の資源集約型の産業構造による停滞が顕著になってきている。

それを基にして、本省で今後の発展課題としては次の3点が考えられる。

第一に、発展の過程で、全国とりわけ沿海の各省・市との格差が拡大した。1978～95年の間に、山西省の一人当りGDPの全国順位は10位から18位に後退した。

第二に、エネルギー・重工業・化学工業中心の産業構造は経済発展に貢献したが、社会主義市場経済の発展に伴い、産業構造の問題が深刻になっている。

第三に、環境汚染が深刻である。産業構造を見ると、エネルギー消耗が高く、汚染程度の高い電力・冶金・化学・石炭及びコークス製造・建築材料の六つの業種が80％以上を占めている。これらの資源集約型の工業は老朽化した設備、遅れた技術、低い管理レベルなどの要因も加わり、汚染問題を更に深刻なものとしている。

三　石炭産業と地域経済との関連

1、産業構造と鉱・工業の地域構造の現状が明らかになった。

（1）第二次産業中心の産業構造がはっきりしている。1994年時点の国内総生産額から見れば、第一次、第二次、第三次産業に占める比率は、それぞれ14.5％、51.6％、33.9％であった。最も大きいのは第二次産業である。先進国の三次、二次、一次の順の産業構造と比べると、山西省はまだ工業化主体の段階に位置していることがわかる。
（2）山西省では、長時間にわたって、重工業を優先的に発展させる方針を採ってきた結果、重工業を主とする工業業種構造が形成されている。1994年時点における軽・重工業の比率は23.3:76.7になっている。
（3）山西省は、採掘・素材を中心とする初級的な生産構造を持つ省の一つで、製造業の発展はまだ不十分である。それは、山西省で生産された石炭、鉱石、銑鉄、粗鋼などを大量に省外へ運び、他の省の原料供給地になっている状況を指す。1994年時点に採掘・素材生産の比率はまだ70％を超えている。
（4）鉱・工業企業規模の構造に関しては、大規模企業が根幹にあると共に、小規模企業の発展が著しい。
（5）鉱・工業の立地特徴としては、ある程度の展開がある一方、一部地域に偏っている。

　山西の経済を支えてきた鉱・工業地域は、北の大同市から南の永済市まで、東の陽泉市から西の離石県まで全省の範囲に広がっている。とは言うものの、鉱・工業の大部分は、省都太原市を中心とする中部地域から、平野部に沿って南の省境まで伸びる細長い凹地帯に集中している。その他には、北部の大同市、南東部の長治市、晋城市などのやや大きい都市に集中している傾向が見られる。いわば、山西省の鉱・工業の分布は、主に鉄道の同蒲線、石太線、太焦線と汾河両岸の地域にかなり偏在している。この状況の形成原因は、山西省の立地条件と密接な結びつきがある。つまり、山西省は、南北に沿って、長細い中部地域には、平野、盆地の地形が多い、その東部、西部地域より、条件が優れている。歴史的にも古くから発達した地域である。その上に、省内の主要な交通手段である鉄道、高速道路、一般自動車道路など交通の便も相対的に発達している。一方、これに対して、東部、西部地域には、山地が多く、交通が不便で、水資源も不足し、立ち遅れた地域となっている。
　2、産業構造形成の主要原因としては、年代別の各産業に投下された資金

と消費されたエネルギー（主に石炭）の量に影響されているのであろう。

（1）投資の配分：建国以来、山西省の第二次産業中心の投資政策は、長年にわたって実施された。三つの産業の中で、第二次産業の投資配分はずっと高い水準（最低でも60％以上）で続いてきた。多少の変化があっても、その首位の位置に変わりはない。

（2）エネルギー源の消費構成：1994年のエネルギー消費量から見れば、国民生活消費は15.1％に対して、産業消費は84.9％に達している。その中で、72.3％は第二次産業によって消費された。第一次、第二次産業の合計ではわずか12.6％である。このことから、エネルギー産業、特に石炭産業は、山西省の産業発展を支えたものと言えるであろう。

3、各県・市における石炭産業と地域経済との関連性は非常に大きい。

県・市別の石炭出荷量と国内総生産額の資料を用いて、両者の関連から着目して、A、B、C、D、E、F、Gの七つの類型に分けて検討した。結果は次の通りである。

A型、B型、E型とF型の地域では、一人当たり国内総生産が割合多く、より豊かな地域とされ、一方、C型、D型及びG型地域では、割合貧しいところとされている。

石炭との関連についてみると、A型、B型地域では、主な石炭産地が多く、石炭の開発により発達しているといってもよい。C型、D型地域は、石炭の影響は薄くなってきて、それなりに国内総生産も低くなってくる。E型、F型地域では、また再び国内総生産が高くなっていたのは、石炭の影響は相対的に少ないものの、これらの地域は総合的な産業構造を持っているからである。最後のG型地域では、石炭の生産が行なわれていない地域で、27の県・市のうち、全省平均一人当たり国内総生産額では、全て平均以下で、以上の県・市は一つもない。このことから、逆に石炭の地域経済に対するプラスの影響がかなりあることを裏付けている。言い換えれば、山西省の石炭産業が、山西の地域経済に支える役割を果たしてきたと言える。

付　録

付表1　山西省の大中型鉱・工業企業の生産額と職工人数

単位：千元、人

企業名	始建年	総生産額 1990年	総生産額 1994年	職工人数 1990年	職工人数 1994年
石炭及びコークス業					
太原市東山炭鉱			71,049		5,354
太原西峪炭鉱			51,886		2,779
西山鉱務局		430,000	1,099,790	81,658	65,686
太原石炭気化総公司			420,730		12,123
大同市杏児溝炭鉱			24,879		2,231
大同鉱務局		1,935,000		133,000	123,519
大同市煤気公司			81,325		3,101
大同市青磁_炭鉱			86,256		3,719
大同市姜家湾炭鉱			75,085		2,760
大同市甘庄炭鉱			25,487		1,180
左雲県鵲児山炭鉱			53,557		2,635
大同市馬口炭鉱			17,883		1,831
陽泉ガス熱力総公司			13,026		874
陽泉蔭営炭鉱			64,892		4,009
陽泉市南庄炭鉱			42,314		3,382
陽泉鉱務局		669,767	8,00,298	75,437	67,773
潞安鉱務局		598,600	552,382	29,976	29,637
晋城市北岩炭鉱			23,881		2,590
晋城鉱務局		276,200	424,906	23,525	24,571
晋城市呂山炭鉱			22,184		2,362
晋城市伯方炭鉱			43,021		2,133
平朔石炭工業公司		810,110	753,900	5,311	6,136
朔州市小峪炭鉱			70,020		5,009
軒崗鉱務局		162,842	147,558	16,177	13,707
汾西鉱務局		282,188	462,540	44,979	36,717
臨汾市選炭廠		24,410	21,326	620	630
霍州鉱務局		134,920	303,817	25,409	25.102
霍州市石炭工業公司			19,945		1,462
洪洞県洗炭廠		12,010	33,020	456	486

企業名	始建年	総生産額 1990年	総生産額 1994年	職工人数 1990年	職工人数 1994年
電力業					
太原供電公司			167,456	2,367	2,521
太原第二熱電廠			246,608	1,930	2,863
山西電力公司			51,460		1,565
太原第一熱電廠		107,080	291,931	2,931	3,183
大同第二発電廠		297092	481,311	2,920	2,580
大同供電公司			108,482		2,680
大同第一熱電廠		33,167	57,262	1,585	1,030
河坡発電廠			42,454		659
娘子関発電廠		128,857	189,298	1,843	1,527
陽泉供電局		50,220	69,207	1,052	1,182
長治供電局			64,920		2,101
漳澤電力有限公司		126,000	463,153		2,412
巴公発電廠			24,856	749	776
晋城供電公司			18,000		889
神頭第二発電廠			272,835		1,538
朔州供電局			29,518		817
神頭第一発電廠		337,400	539,230	3,700	3,096
忻州地区電業局		44,798	58,115	2,656	2,803
天橋水力発電廠		24,332	37,102	525	520
呂梁地区供電公司			29,340	2,486	
晋中地区電業局		54,295	63,300	2,638	2,615
臨汾地区電業局			61,737	1,087	2,820
侯馬発電廠		32,840	54,512	1,911	1,143
霍州発電廠		136,800	187,068	2,384	1,593
運城地区電業局		123,110	84,240	1,565	2,272
山西省電力公司熱電廠			96,891	1,500	1,291
国営五四一電廠		24,000	48,190		1,525
鉄鋼業					
太原鋼鉄公司	1932	1,843,000	3,839,600	65,000	69,939
陽泉鋼鉄公司	1917	169,830	165,443	5,037	5,156
長治鋼鉄公司	1947	123,680	432,694	15,100	16,095
臨汾鋼鉄公司	1957	117,530	278,608	13,616	13,974
大同鋼鉄廠	1943	43,100	132,526	1,760	1,934
非鉄金属業					
忻州地区鉄合金廠	1970	14,010	70,802	917	1,173
中条山有色金属公司	1955	257,000	339,413	17,380	18,928
太原銅業公司	1958	214,080	600,059	3,271	3,394

企業名	始建年	総生産額 1990年	総生産額 1994年	職工人数 1990年	職工人数 1994年
山西春雷銅材廠	1970	49,560	59,166	1,535	2,003
山西鋁廠	1972	71,990	547,800	14,020	15,791
太原鋁廠	1958	200,550	236,025		2,360
山西鋁製品廠	1950	27,490	20,498	1,600	667
化学工業					
山西焦化廠	1963	78,350	223,440	4,159	4,505
運城塩化局	1948	109,020		27,295	
太原電石廠	1954	61,990		1,461	
陽泉電石廠	1958	9,680	55,811	543	546
太原化学工業公司	1955	320,000	1,113,199	23,000	29,717
太原硫酸廠	1957			1,020	
太原化学肥料廠	1958	126,340		6,190	
原平化学肥料廠	1956	62,940	88,941	2,084	2,571
太原燐肥廠	1954	46,000		1,917	
山西農薬廠	1967	13,540	27,767	1,600	1,806
太原化工農薬廠	1952	10,570		479	
興安化学材料廠	1953		64,380	6,977	7,354
山西化工廠	1960	147,240	187,654	3,591	3,752
江陽化工廠	1953	46,060	69,440	6,029	5,967
新華化工廠	1953	75,290	80,080	5,337	5,631
晋安化工廠	1927	22,590	25,050	4,823	5,012
晋東化工廠	1949	35,180	1,226	3,812	1,021
衛東化工廠	1969	12,340		913	
太原化工廠	1950	118,980		6,231	
山西化学廠	1953	24,010		1,180	
長治合成化学総廠	1970	60,000	61,480	1,500	1,405
原平化工二廠	1970	60,850	46,160	868	953
太原有機化工廠	1952	27,450		751	
臨猗化工総廠	1970	16,030	16,030	1,057	2,323
太原溶剤廠	1958	12,370		808	
太原油漆廠	1958	32,700		880	
太原染料廠	1965	55,000		1,400	
太原樹脂廠	1970	11,710		929	
太原肥皂廠	1953	24,860		710	
太原洗濯剤廠	1965	55,200	90,140	1,270	1,375
陽泉洗濯剤総廠	1971		93,078	629	618
平遥火柴廠	1892	25,600	34,114	1,383	1,334
太原橡膠廠	1958	250,000		1,587	

企業名	始建年	総生産額 1990年	総生産額 1994年	職工人数 1990年	職工人数 1994年
長治橡膠廠	1954	20,720	21,886	750	598
山西晋南橡膠廠	1965	74,270		3,240	
太原塑料一廠	1952	16,080	12,319	933	973
太原塑料四廠	1958	14,510	40,545	458	470
太原塑料五廠	1958	5,600	12,505	439	422
太原塑料六廠	1958	14,810	13,861	410	225
太原塑料建材総廠	1981	6,810		470	
太原製薬廠	1953	187,350	240,796	3,557	5,101
太原第二製薬廠	1958			1,084	
大同製薬廠	1942	35,150	60,468	1,440	1,330
大同第二製薬廠	1942	40,300	71,847	1,056	1,251
山西中薬廠	1955	45,000	28,019	1,041	1,070
山西北方製薬廠	1970	19,350	42,093	2,240	2,334
平陽製薬廠	1977	18,000	27,280	630	444
機械工業					
山西柴油発動機廠	1952	42,030	152,641	7,812	7,847
臨汾動力機械廠	1943	4,200		1,100	
山西工作機械廠	1898	68,050	60,110	9,456	9,031
太原第一工作機械廠	1950	16,650	18,530		1,557
太原重型減速機廠	1965	9,270		756	
長治鍛圧工作機械廠	1953	24,000	33,105	1,706	1,857
山西鍛造廠	1970	23,150	41,310	1,821	2,048
華晋冶金鋳造廠	1970	26,140	53,290	3,000	3,400
太原五一機械廠	1958	7,460	29,251	1,138	1,041
忻州地区通用機械廠	1952	16,550	21,651	1,350	1,009
原平運輸機械総廠	1962	36,850		1,319	
平遥工鉱電機車廠	1968	11,300	6,754	1,200	1,244
陽泉水泵廠	1947	13,320	18,907	1,412	1,365
太原気体圧縮機廠	1951	8,300	12,552	1,031	986
長治軸承廠	1944	32,700	50,209	4,251	3,542
山西軸承廠	1967	10,000	19,536	1,028	1,264
汾陽閥門廠	1950	14,670	17,038	1,014	720
陽泉閥門廠	1924	10,710	14,405	849	799
楡次液圧件廠	1965	25,250	48,526	2,128	2,207
長治液圧件廠	1952	23,080	36,461	1,377	1,326
太原液圧件機械廠	1955	5,000	18,440	888	897
太原標準件廠	1953	12,740	15,318	1,046	966
臨汾機械鋳造廠	1965	7,250 (1988)	9,389	916	975

企業名	始建年	総生産額 1990年	総生産額 1994年	職工人数 1990年	職工人数 1994年
太原重型機器廠	1950	185,320	460,743	14,549	14,207
太原鉱山機器廠	1925	78,320	235,012	7,549	7,806
山西機器廠	1920	20,230	35,377	3,567	3,191
太原鍋炉廠	1958	30,650	29,146	1,505	1,513
太原液圧件廠	1966	12,340	16,055	935	912
山西煤鉱機械廠	1972	20,110	3,021	1,023	986
大同鉱山機械廠	1967	6,400		526	
大同金属結構廠	1958	8,660		909	
長治糧食機械廠	1966	7,850	23,510	1,169	1,278
経緯紡織機械廠	1950	208,510	468,712	7,571	7,735
山西紡織機械廠	1967	14,430	15,011	1,428	1,354
大同農牧機械廠	1958	5,550	13,680	950	756
山西軽工機械廠	1960	5,420	9,575	797	852
晋城太行印刷機器廠	1954	7,600	16,900	1,327	1,377
山西化工機械廠	1966	7,000	16,552	1,200	935
六六一七工廠	1970	6,000	7,510	518	480
山西建材機械廠	1907	10,760	36,080	1,377	1,420
運城拖拉機廠	1949	93,720	78,554	1,881	1,941
大同歯車廠	1958	45,100	103,381	2,976	2,380
長治自転車工業公司	1961	26,340		1,900	
太原自転車総廠	1954	6,640	1,130	1,244	1,115
山西長豊工業公司	1958	32,370	25,010	2,000	1,565
山西水利機械廠	1950	6,370		777	
山西水工機械廠	1970	7,430		630	
晋西機器廠	1948	116,050	308,650		11,032
淮海機械廠	1938	65,970	131,320	9,000	9,052
恵豊機械廠	1938	47,530	95,440	8,864	9,215
紅山機械廠	1970	12,000	27,500	2,439	2,690
長治清華機械廠	1965	67,770	76,930	3,498	3,770
汾西機器廠	1953	47,480	110,650	3,757	3,707
江淮機械廠	1966	6,000	17,610	1,712	1,231
山西東方化工機械廠	1971	26,340	35,180	2,118	2,168
平陽機械廠	1955	60,150	75,130	5,130	4,982
利民機械廠	1955	16,740	38,300	3,700	4,063
風雷機械廠	1967	10,380	31,800	1,279	1,406
金陽器材廠	1969	6,100	5,661	928	885
山西新建機器廠	1965	13,690	12,579	777	1,415
七一機械廠	1969	8,500		10,11	

企業名	始建年	総生産額 1990年	総生産額 1994年	職工人数 1990年	職工人数 1994年
東華機械廠	1969	7,910	20,676	917	952
山西冲圧廠	1970	13,030	25,320	1,800	1,974
山西建設機械廠	1965	7,600	5,802	1,407	1,352
山西前進機器廠	1966	6,210	16,824	1,113	1,036
山西電力設備廠	1968	10,610	57,000	901	773
大同機車工廠	1954		357,493	9,591	10,088
太原機車車両工廠	1898	46,470	152,636	7,090	7,344
山西自動車製造廠	1932	22,900	83,545	2,370	2,472
臨汾自動車製造廠	1950	5,800	15,760	524	640
大同自動車製造廠	1956	12,400	20,254	1,746	944
晋南機械廠	1970	25,090	64,120	3,276	3,510
原平自動車修配廠	1969	2,650	3,497	543	599
山西転向器廠	1972	1,290	1,820	616	730
晋翔機械廠	1970	19,250		1,093	
太行機械廠	1971	9,280		868	
永済電機工廠	1969	185,220	309,557	6,347	6,716
山西電機廠	1952	14,730	35,720	1,242	1,193
山西防爆電機廠	1958	33,780	41,800	1,693	1,769
太原変圧器廠	1958	41,900	38,437	1,035	968
山西電力開関廠	1970	6,670	4,801	630	639
侯馬電纜廠	1969	61,720	329,827		2,595
楡次電纜廠	1958	24,120	25,964	1,055	1,051
忻州地区钨絲廠	1970	17,030	17,712	1,077	1,114
長治洗濯機廠	1966	100,300	250,103	841	1,361
太原電球廠	1958	20,400	22,560	1,526	1,450
太原道具廠	1952	11,640	29,210	1,200	1,112
山西太行鋸条廠	1960	41,130	91,388	2,961	3,264
太原模具廠	1958	5,940	7,580	827	692
太原五金工具廠	1965		836	989	771
太谷瑪鋼廠	1956	41,940	137,050	3,500	6,900
太原唐瓷廠	1955	7,840	10,310	670	463
太行儀表廠	1950	35,000	93,523	3,420	3,418
燎原儀器廠	1970		30,022	2,757	2,950
衛華儀器廠	1966	6,510	7,563	819	791
大衆機械廠	1956	56,110	75,989	6,213	7,274
山西無線電廠	1956	140,000	37,521	2,009	1,467
山西銀河電子設備廠	1964	21,070		1,092	
四三二八工廠	1967	3,780		450	

企業名	始建年	総生産額 1990年	総生産額 1994年	職工人数 1990年	職工人数 1994年
永明無線電器材廠	1966	5,060		1,015	
山西電子儀器総廠	1985	4,490	8,523	809	720
太原半導体廠	1965	5,340	4,050	571	538
太原電子廠	1959	13,260	11,684	750	673
華杰電子有限公司	1984			550	
建材工業					
大同水泥廠	1955	106,900	129,271	2,600	3,424
太原水泥廠	1934	20,090	70,240	2,065	2,863
忻州地区南白水泥廠	1958	8,120	23,013	592	1,081
太原鋼筋軌枕工廠	1958	30,460	26,216	1,378	1,442
太原水泥製品廠	1954	4,360		590	
太原平板玻璃廠	1958	34,340	163,080	2,290	2,244
太原玻璃瓶廠	1958		28,762	1,281	1,301
忻州地区玻璃瓶廠	1958	17,500	23,921	1,600	1,551
雁北地区瓷廠	1958	5,050		1,350	
太原瓷廠	1955	8,400	5,980	1,037	1,005
大同雲崗瓷廠	1982	9,370	19,406	669	807
陽泉鋁土鉱	1955	23,560	21,357	2,235	2,101
太原耐火材料廠	1958	5,880		741	
山西炭素廠	1958	26,050	52,040	1,785	1,671
大同炭素廠	1942	17,830	35,205	1,100	1,159
山西石英製品廠	1970	操業停止	操業停止	操業停止	操業停止
呂梁地区石綿鉱	1958	1,660	797	570	494
太原西山石膏鉱	1952	4,000	7,720	462	635
霊石石膏鉱	1956	3,400	6,137	931	937
紡績・軽工業					
山西維尼綸廠	1970	53,850	143,770	3,150	3,168
山西滌綸廠	1983	141,550	188,863	1,076	1,764
大同化繊紡織廠	1969	32,170	115,910	3,720	3,178
山西尼綸廠	1970	61,620	91,447	3,212	3,418
山西紡織印染廠	1955	125,700	153,894	12,000	10,947
山西晋華紡織廠	1919	136,570	187,834	10,145	10,247
忻州紡織印染廠	1958	119,070	160,704	6,127	6,197
介休紡織廠	1958		102,560	7,073	7,290
祁県色織廠	1956	20,000	10,010	1,096	1,240
臨汾紡織廠	1958	45,320	108,928	6,400	6,195
新絳紡織廠	1905	11,740	81,546	3,882	3,762
山西印染廠	1958		15,900	2,571	2,422

企業名	始建年	総生産額 1990年	総生産額 1994年	職工人数 1990年	職工人数 1994年
太原絨織印染連合廠	1955	49,810	120,148	2,504	2,122
高平絲織印染廠	1961	9,600	18,455	1,300	1,535
陽城繰絲廠	1966	7,390	27,373	1,320	1,441
呂梁絲織印染廠	1978	15,210	17,820	976	873
山西毛紡織廠	1964	4,1840	33,328	2,465	2,426
山西針織廠	1929	72,310	31,338	5,500	4,801
三五三四工廠	1966	67,660	103,660	3,000	2,756
三六〇六工廠	1968	7,100	12,083	956	1,062
太原食品三廠	1954	18,200	2,737	600	608
陽泉糧食工業公司	1961	30,250	18,693	452	252
大同糖廠	1957	42,500	137,710	1,495	1,762
応県糖廠	1983	39,950		796	
太原肉類連合加工廠	1954	39,500	35,386	1,100	1,060
大同肉連廠	1957	11,710	32,445	851	672
陽泉肉類連合加工廠	1954		4,882	350	285
山西杏花村汾酒廠	1500年前	260,000	660,310	3,860	7,421
汾酒廠汾青分廠	1970	15,280	20,320	626	594
太原清徐露酒廠	1921	8,930	6,235	755	700
大同酒廠	1926	8,220	44,150	574	631
忻州地区酒廠	1949	5,900	5,198	607	705
陽泉酒廠	1977	5,420	14,054	425	451
祁県六曲香酒廠	1950	10,400	11,020	488	586
太原巻煙廠	1930	151,690	253,140	1,658	1,639
太原造紙廠	1934	42,740	30,104	1,684	1,360
太原第二造紙廠	1934	65,100	3,410	655	515
介休造紙廠	1957	20,350	40,230	1,278	1,368
臨汾造紙廠	1958	12,150	16,839	1,170	1,120
忻州造紙廠	1958	9,570	4,353	627	566
聞喜造紙廠	1946	4,110	7,079	550	512
山西新華印刷廠	1961	16,710	35,873	1,030	1,031
太原印刷廠	1932	27,950	22,430	1,303	1,234
山西人民印刷廠	1968	11,470	35,676	877	780

資料：山西省統計局、「山西統計年鑑・1995」、中国統計出版社、1995、pp.661～668
　　　「山西工業経済」編集委員会、「山西工業経済」、山西経済出版社、1991、pp.583～737
注：空白のところはデータ不明

付　録　169

付表2　各市・県の業種別企業数、総生産額、職工人数 （大・中型企業）

（1994年）

	市・県名	企業数	総生産額（万元）	職工人数（千人）		市・県名	企業数	総生産額（万元）	職工人数（千人）
各部門合計	北部	47	520,838	323.4	各部門合計	河津県	1	54,780	15.8
	大同市	27	278,404	273.4		洪洞県	3	40,023	8.1
	忻州市	9	38,202	15.0		永済県	5	49,286	13.1
	朔州市	5	166,550	16.6		臨猗県	1	10,048	2.3
	原平県	4	28,616	15.3		聞喜県	3	14,076	6.2
	左雲県	1	5,356	2.6		絳県	5	26,785	13.1
	保徳県	1	3,710	0.6		新絳県	1	8,155	3.8
						垣曲県	1	33,941	19.0
	中東部	122	1,517,472	575.4					
	太原市	76	1,160,109	369.4		西部	7	78,130	10.8
	楡次市	10	93,147	31.6		汾陽県	2	67,735	8.1
	陽泉市	17	162,935	92.0		離石県	1	2,934	
	介休市	5	63,727	49.5		方山県	1	80	0.5
	祁県	4	7,761	14.3		交城県	1	1,780	0.9
	平遥県	2	4,087	2.6		孝義県	2	5,600	1.4
	太谷県	3	21,235	12.0		合計	243	2,844,163	1194.6
	清徐県	2	1,375	1.2	石炭及びコークス業	北部地域	11	154,260	251.8
	昔陽県	1	182	0.7		大同市	7	51,757	224.3
	陽曲県	1	2,301	1.1		朔州市	2	82,392	11.1
	霊石県	1	614	0.9		原平県	1	14,756	13.7
						左雲県	1	5,356	2.6
	東南部	27	308,898	129.2					
	長治市	17	245,179	90.2		中東部	9	299,053	198.7
	晋城市	8	59,136	35.9		太原市	4	164,346	85.9
	高平県	1	1,846	1.5		陽泉市	4	92,053	76.0
	陽城県	1	2,737	1.4		介休市	1	42,654	36.7
	西南部	40	418,826	1,194.6		東南部	5	106,637	61.3
	臨汾市	7	51,259	26.4		長治市	1	55,238	29.6
	運城市	2	16,279	4.2		晋城市	4	51,399	31.7
	侯馬市	6	53,063	11.6					
	霍州市	3	51,083	28.2		西南部	4	37,811	27.7
	翼城県	2	10,048	4.1		臨汾市	1	2,133	0.6

	市・県名	企業数	総生産額(万元)	職工人数(千人)		市・県名	企業数	総生産額(万元)	職工人数(千人)
	霍州市	2	32,376	26.6	鉄鋼業	東南部	1	43,269	16.1
	洪洞県	1	3,302	0.5		長治市	1	43,269	16.1
	合計	29	597,761	539.5					
	北部	8	158,386	15.1		西南部	1	27,861	278.6
	大同市	3	64,706	6.3		臨汾市	1	27,861	278.6
	忻州市	1	5,812	2.8		合計	5	484,887	109.1
	朔州市	3	84,158	5.5		北部地域	1	7,080	1.2
電力業	保徳県		3,710	0.5		忻州市	1	7,080	1.2
	中東部	8	112,172	16.1	非鉄金属	中東部	3	31,569	6.4
	太原市	4	75,746	10.1		太原市	2	29,519	5.8
	楡次市	1	6,330	2.6		祁県	1	2,050	0.7
	陽泉市	3	30,096	3.4		西南部	3	3,672	36.7
	東南部	4	57,093	6.2		翼城県	1	200	2.0
	長治市	2	52,807	4.5		河津県	1	1,579	15.8
	晋城市	2	4,286	1.7		垣曲県	1	1,893	18.9
						合計	7	133,287	44.3
	西南部	6	53,264	10.6		北部	5	45,507	9.9
	臨汾市	1	6,174	2.8		大同市	3	31,997	6.3
	運城市	1	8,424	2.3		原平県	2	13,510	3.5
	侯馬市	1	5,451	1.1	化学業				
	霍州市	1	18,707	1.6		中東部	16	197,456	66.8
	永済県	1	9,689	1.3		太原市	11	176,232	62.2
	絳県	1	4,819	1.5		陽泉市	3	15,012	2.2
						平遥県	1	3,411	1.3
	西部	1	2,934			太谷県	1	2,802	1.1
	離石県	15	2,934	不明					
	合計	27	383,849	48.0		東南部	2	8,337	2.0
	北部地域	1	13,253	1.9		長治市	2	8,337	2.0
鉄鋼業	大同市	1	13,253	1.9					
						西南部	5	42,106	11.4
	中東部	2	400,504	75.1		侯馬市	1	2,728	0.4
	太原市	1	383,960	69.9		洪洞県	1	22,344	4.5
	陽泉市	1	16,544	5.2		永済県	2	6,986	4.1

	市・県名	企業数	総生産額(万元)	職工人数(千人)		市・県名	企業数	総生産額(万元)	職工人数(千人)
	臨猗県	1	10,048	2.3		中東部	10	40,455	15.3
	合計	28	293,406	90.1	土石製品業	太原市	6	30,200	9.5
	北部	10	71,825	27.0		陽泉市	1	2,136	2.1
	大同市	6	65,583	23.0		介休市	1	5,204	1.7
	忻州市	3	5,893	3.4		陽曲県	1	2,301	1.1
	原平県	1	350	0.6		霊石県	1	614	0.9
	中東部	51	294,912	128.8		西部	1	80	0.5
	太原市	36	209,042	96.4		方山県	1	80	0.5
	楡次市	7	58,889	15.3		合計	15	61,015	22.7
機械業	陽泉市	2	3,331	2.2		北部地域	2	27,661	9.4
	祁県	1	3,608	1.4		大同市	1	11,591	3.2
	平遥県	1	675	1.2		忻州市	1	16,070	6.2
	太谷県	2	18,433	11.0					
	清徐県	1	751	0.5		中東部	10	93,532	46.7
	昔陽県	1	1,820	0.7	紡績業	太原市	5	52,757	22.1
						楡次市	2	27,928	13.7
	東南部	13	4,061	40.6		介休市	2	11,846	9.7
	長治市	11	3,800	38.0		祁県	1	1,001	1.2
	晋城市	2	261	2.6					
						東南部	2	4,583	3.0
	西南部	14	115,756	36.8		高平県	1	1,846	1.5
	臨汾市	2	2,515	1.6		陽城県	1	2,737	1.4
	運城市	1	7,855	1.9					
	侯馬市	3	53,676	9.0		西南部	5	44,999	16.9
	翼城県	1	4,131	2.0		臨汾市	1	10,893	6.2
	永済県	2	32,611	7.7		侯馬市	1	1,208	1.1
	聞喜県	1	3,002	3.0		洪洞県	1	14,377	3.2
	絳県	4	21,966	11.6		聞喜県	1	10,366	2.8
						新絳県	1	8,155	3.8
	西部	1	1,704	0.7		西部	1	1,782	0.9
	汾陽県	1	1,704	0.7		交城県	1	1,782	0.9
	合計	89	573,175	233.8					
窯業・	北部地域	4	20,480	6.9		合計	20	172,557	76.8
	大同市	3	18,088	5.3					
	忻州市	1	2,392	1.6					

	市・県名	企業数	総生産額(万元)	職工人数(千人)		市・県名	企業数	総生産額(万元)	職工人数(千人)
食品工業	北部	4	21,950	3.8	製紙・印刷業	北部	1	435	0.6
	大同市	3	21,431	3.1		忻州市	1	435	0.6
	忻州市	1	520	0.7					
						中東部	5	13,205	5.5
	中東部	8	34,615	5.6		太原市	4	9,182	4.1
	太原市	3	29,126	3.3		介休市	1	4,023	1.4
	陽泉市	3	3,763	1.0					
	祁県	1	1,102	0.6		西南部	2	2,392	1.6
	清徐県	1	624	0.7		臨汾市	1	1,684	1.1
						聞喜県	1	708	0.5
	西部	1	68,063	8.0					
	汾陽県	1	66,031	7.4		西部	1	3,568	0.8
	孝義県	1	2,032	0.6		孝義県	1	3,568	0.8
	合計	14	124,628	17.4					
						合計	9	19,599	8.5

資料：山西省統計局、「山西統計年鑑・1995」、中国統計出版社、1995、pp.661～668

付表3　県・市別石炭販売量と国内総生産、工業生産額

(1994年)

県・市名	(1) 石炭販売遼 万t	(2) %	(3) 国内総生産 億元	(4) %	(5) 元／人	(6) 工業生産額 億元	(7) %	(8) (2)−(4)
太原市	646.0	3.28	157.1	17.11	6956	19.8	3.93	−13.83
古交市	444.2	2.26	13.1	1.42	8004	6.2	1.23	0.84
清徐県	88.0	0.45	13.2	1.44	4774	8.9	1.76	−0.99
陽曲県	5.1	0.03	4.2	0.46	3061	3.5	0.69	−0.43
婁煩県	81.6	0.41	3.0	0.33	2868	1.9	0.38	0.08
大同市	2791.4	14.17	79.8	8.69	4126	11.5	0.29	5.48
陽高県			4.1	0.45	1500	2.0	0.40	
天鎮県	7.4	0.04	3.5	0.38	1817	1.1	0.21	−0.34
広霊県	33.8	0.17	1.9	0.21	1215	1.1	0.23	−0.06
霊丘県	30.1	0.15	2.3	0.25	1105	0.8	0.16	−0.10
渾源県	189.5	0.96	4.3	0.47	1335	2.4	0.47	0.49
左雲県	1261.3	6.4	7.1	0.78	6185	5.5	1.10	5.62
大同県	29.7	0.15	3.5	0.38	2194	1.8	0.36	−0.23
陽泉市	593.5	3.01	31.7	3.45	4127	4.3	0.85	−0.44
平定県	225.4	1.14	9.1	0.99	2847	5.0	1.00	0.15
盂県	720.9	3.66	8.0	0.87	2825	7.8	1.56	2.79
長治市	194.5	0.1	39.5	4.30	2625	3.7	0.74	−4.20
潞城市	130.1	0.66	6.2	0.67	3245	7.2	1.42	−0.01
長治県	435.1	2.21	9.8	1.07	3131	5.9	1.17	1.14
襄垣県	328.8	1.67	4.9	0.53	2077	1.7	0.34	1.14
屯留県			2.9	0.31	1531	0.6	0.12	
平順県			1.9	0.21	1140	1.0	0.20	
黎城県			3.2	0.35	2089	2.6	0.51	
壺関県	82.2	0.42	3.7	0.40	1372	1.2	0.24	0.02
長子県	160.5	0.81	4.8	0.52	1411	1.2	0.25	0.29
武郷県	212.2	1.08	2.7	0.29	1333	1.2	0.23	0.79
沁県			2.0	0.22	1372	1.0	0.20	
沁源県	210.5	1.07	2.6	0.28	1591	1.7	0.35	0.79
晋城市	796.3	4.04	39.2	4.27	3765	7.4	1.46	−0.23
高平市	567.0	2.88	13.2	1.43	2889	4.5	0.88	1.45
沁水県	119.8	0.61	4.3	0.47	2065	1.2	0.25	0.14
陽城県	409.3	2.08	13.9	1.52	3590	6.3	1.26	0.56
陵川県	128.7	0.65	4.7	0.51	1958	2.5	0.50	0.14
朔州市	1171.6	5.95	27.4	2.99	3714	8.0	1.59	2.96
山陰県	210.1	1.07	5.0	0.55	2601	3.4	0.67	0.52

付録　173

県・市名	(1) 石炭販売遼 万t	(2) %	(3) 国内総生産 億元	(4) %	(5) 元／人	(6) 工業生産額 億元	(7) %	(8) (2)−(4)
応県	5.2	0.03	6.7	0.73	2513	2.1	0.41	−0.70
右玉県	28.1	0.14	2.4	0.26	2404	0.7	0.13	−0.12
懐仁県	492.5	2.50	7.9	0.86	3464	4.6	0.91	1.64
忻州市			12.6	1.37	2798	8.1	1.62	
原平市	362.1	1.84	11.5	1.25	2504	9.6	1.91	0.59
定襄県			3.8	0.42	1896	1.6	0.32	
五台県	16.2	0.08	2.9	0.32	943	1.3	0.26	−0.24
代県			2.4	0.26	1224	1.2	0.24	
繁峙県			3.2	0.35	1378	1.9	0.37	
寧武県	516.8	2.62	2.5	0.27	1798	2.3	0.46	2.35
静楽県	36.9	0.19	1.3	0.14	850	0.4	0.08	0.05
神池県	44.8	0.23	1.4	0.15	1466	0.8	0.16	0.08
五寨県			1.7	0.18	1636	0.4	0.08	
岢嵐県			1.3	0.14	1667	0.3	0.06	
河曲県	43.6	0.22	2.2	0.24	1687	1.3	0.26	−0.02
保徳県	78.4	0.40	2.5	0.27	1796	1.1	0.21	0.13
偏関県	34.5	0.18	1.7	0.18	1642	0.9	0.18	0.00
孝義県	430.5	2.19	12.8	1.39	3043	3.7	0.74	0.80
汾陽県	90.2	0.46	13.0	1.42	3664	10.2	2.03	−0.96
文水県	15.9	0.08	11.2	1.22	2934	2.6	0.52	−1.14
交城県	35.4	0.18	3.4	0.37	1741	2.8	0.55	−0.19
興県	66.9	0.34	3.0	0.33	1176	1.2	0.24	0.01
臨県	58.3	0.30	4.6	0.50	879	1.0	0.20	−0.20
柳林県	153.8	0.78	4.3	0.46	1651	1.9	0.38	0.32
石楼県	4.3	0.02	2.0	0.21	2139	0.5	0.10	−0.19
嵐県	11.1	0.06	1.9	0.21	968	0.6	0.12	−0.15
方山県	13.8	0.07	1.3	0.14	1016	0.6	0.13	−0.07
離石県	71.7	0.36	4.9	0.54	2608	2.4	0.48	−0.18
中陽県	51.5	0.26	2.6	0.29	2217	1.7	0.34	−0.03
交口県	207.3	1.05	3.8	0.41	3824	3.1	0.61	0.64
楡次市	146.4	0.74	19.6	2.14	4128	37.3	7.42	−1.40
介休市	200.3	1.02	10.3	1.12	2944	34.5	6.86	−0.10
楡社県			1.8	0.20	1321	2.3	0.46	
左権県	179.3	0.91	2.8	0.30	1745	4.9	0.98	0.61
和順県	218.3	1.11	2.1	0.23	1572	2.9	0.59	0.88
昔陽県	231.8	1.18	4.6	0.50	1888	4.1	0.81	0.68
寿陽県	297.5	1.51	4.5	0.49	2077	5.1	1.01	1.02

付　録　175

県・市名	(1) 石炭販売遼 万t	(2) %	(3) 国内総生産 億元	(4) %	(5) 元／人	(6) 工業生産額 億元	(7) %	(8) (2)−(4)
太谷県			6.8	0.75	2576	13.2	2.62	
祁県			5.3	0.58	2166	8.4	1.67	
平遥県	43.4	0.22	7.5	0.82	1635	12.2	2.43	−0.60
霊石県	519.1	2.64	7.0	0.77	3109	12.4	2.46	1.81
臨汾市	202.5	1.03	20.9	2.27	3373	17.4	3.46	−1.24
侯馬市			6.9	0.75	3544	8.2	1.64	
霍州市	234.7	1.19	5.8	0.63	2240	10.5	2.08	0.56
曲沃県			4.0	0.44	1918	2.9	0.57	
翼城県	67.3	0.34	7.8	0.85	2767	5.5	1.10	−0.51
襄汾県	20.2	0.10	9.2	1.00	1993	6.0	1.19	−0.90
洪洞県	391.4	1.99	13.9	1.52	2193	9.7	1.93	0.47
古県	135.7	0.69	1.7	0.19	2066	1.0	0.20	0.50
安澤県	24.3	0.12	1.2	0.13	1524	0.2	0.05	−0.01
浮山県	4.5	0.02	1.9	0.21	1502	1.1	0.22	−0.19
吉県	18.4	0.09	1.2	0.13	1231	0.2	0.03	−0.04
郷寧県	843.8	4.28	4.2	0.46	2186	3.4	0.68	3.82
蒲県	359.9	1.83	2.6	0.28	2824	1.9	0.38	1.55
大寧県	15.2	0.08	0.9	0.09	1444	0.4	0.08	−0.01
永和県			0.6	0.07	1097	0.1	0.02	
隰県	1.6	0.01	1.4	0.15	1534	0.3	0.06	−0.14
汾西県	132.2	0.67	1.7	0.19	1355	0.8	0.14	0.48
運城市			14.7	1.60	2793	15.0	2.98	
永済市			9.7	1.06	2452	14.1	2.79	
河津市	190.4	0.97	7.1	0.77	2150	10.5	2.08	0.2
芮城県			4.8	0.53	1385	3.3	0.65	
臨猗県			11.6	1.26	2262	7.1	1.42	
万栄県			5.4	0.59	1393	1.3	0.26	
新絳県			6.0	0.65	2069	3.9	0.77	
稷山県			4.0	0.43	1302	2.9	0.58	
聞喜県			6.2	0.68	1636	6.2	1.23	
夏県			3.9	0.42	1194	1.7	0.34	
絳県			3.5	0.38	1333	5.1	1.02	
平陸県	25.8	0.13	3.2	0.35	1424	1.4	0.27	−0.22
垣曲県	20.3	0.10	5.2	0.56	2461	7.0	1.39	−0.46
合計	19698.8	100.0	918.2	100.0	—	503.1		
平均	249.4	1.25	8.7	0.94	2281	4.7		

県・市名	(9) (7)— (4)	(10) 第二次産業GDP 億元	(11) %	(12) (11) —(4)	(13) 第三次産業GDP 億元	(14) %	(15) (14) —(4)
太原市	−13.18	84.9	17.79	0.65	67.1	24.79	7.68
古交市	−0.21	9.8	2.06	0.64	2.7	0.99	−0.43
清徐県	0.32	7.6	1.60	0.16	2.8	1.02	−0.42
陽曲県	0.23	2.0	0.42	−0.04	0.9	0.34	−0.13
婁煩県	0.05	2.1	0.45	0.12	0.6	0.22	−0.11
大同市	−3.21	54.2	11.37	2.68	22.2	8.18	−0.51
陽高県	−0.05	0.9	0.18	−0.27	1.2	0.45	0.00
天鎮県	−0.17	0.3	0.06	−0.32	0.7	0.27	−0.11
広霊県	0.02	0.6	0.12	−0.09	0.5	0.17	−0.04
霊丘県	−0.09	0.6	0.12	−0.13	0.7	0.27	0.02
渾源県	0.00	0.9	0.19	−0.28	1.4	0.51	0.04
左雲県	0.32	4.6	0.96	0.18	2.0	0.73	−0.05
大同県	−0.02	1.0	0.22	−0.16	1.2	0.46	0.06
陽泉市	−2.60	21.4	4.49	1.04	9.5	3.52	0.07
平定県	0.01	4.8	1.00	0.01	3.2	1.17	0.18
盂県	0.69	4.4	0.92	0.05	2.1	0.78	−0.09
長治市	−3.56	22.1	4.64	0.34	15.7	5.80	1.50
潞城市	0.75	3.7	0.78	0.11	1.5	0.55	−0.12
長治県	0.10	6.3	1.33	0.07	1.7	0.63	−0.44
襄垣県	−0.19	1.8	0.37	0.61	1.2	0.45	−0.08
屯留県	−0.19	0.9	0.18	−0.13	0.7	0.24	−0.07
平順県	−0.01	0.6	0.12	−0.09	0.5	0.18	−0.03
黎城県	0.16	1.2	0.25	−0.10	0.9	0.33	−0.02
壷関県	−0.16	1.8	0.38	−0.38	1.1	0.39	−0.01
長子県	−0.27	1.1	0.22	−0.23	1.0	0.38	0.14
武郷県	−0.06	1.1	0.24	0.50	0.5	0.18	−0.11
沁県	−0.02	0.4	0.08	−0.14	0.6	0.23	0.01
沁源県	0.07	1.2	0.25	0.51	0.9	0.32	0.04
晋城市	−2.81	24.3	5.09	0.82	11.9	4.39	0.12
高平市	−0.55	8.4	1.75	0.32	2.9	1.08	−0.35
沁水県	−0.22	1.9	0.40	−0.07	1.5	0.54	0.07
陽城県	−0.26	8.3	1.76	0.24	3.7	1.38	−0.14
陵川県	−0.01	2.7	0.56	0.05	1.1	0.41	−0.10
朔州市	−0.03	16.0	3.36	0.37	7.6	2.82	−0.17
山陰県	0.12	1.5	0.32	−0.23	1.4	0.51	−0.04
応県	−0.32	1.1	0.24	−0.49	1.5	0.57	−0.18

付　録　177

県・市名	(9) (7)— (4)	(10) 第二次産業GDP 億元	(11) %	(12) (11) —(4)	(13) 第三次産業GDP 億元	(14) %	(15) (14) —(4)
右玉県	−0.13	0.4	0.09	−0.17	0.8	0.31	0.05
懐仁県	0.05	3.7	0.77	−0.09	2.2	0.83	−0.03
忻州市	0.25	4.4	0.92	−0.45	4.4	1.62	0.25
原平市	0.66	5.0	1.06	−0.19	3.3	1.21	−0.04
定襄県	−0.10	1.1	0.24	−0.18	0.9	0.32	−0.10
五台県	−0.06	0.8	0.17	−0.15	1.0	0.37	0.05
代県	−0.02	0.6	0.12	−0.14	0.7	0.25	−0.01
繁峙県	0.02	1.2	0.26	−0.09	0.9	0.34	−0.01
寧武県	0.19	1.2	0.25	−0.02	0.8	0.30	0.03
静楽県	−0.06	0.4	0.08	−0.06	0.4	0.14	0.00
神池県	0.01	0.2	0.05	−0.10	0.3	0.10	−0.05
五寨県	−0.10	0.3	0.06	−0.12	0.5	0.20	0.02
岢嵐県	−0.08	0.2	0.04	−0.10	0.4	0.16	0.02
河曲県	0.02	0.9	0.19	−0.05	0.6	0.24	0.00
保徳県	−0.06	1.1	0.31	−0.14	0.7	0.27	0.00
偏関県	0.00	0.7	0.14	−0.04	0.5	0.17	−0.01
孝義県	−0.65	9.3	1.96	0.57	2.3	0.86	−0.53
汾陽県	0.61	7.1	1.49	0.07	2.8	1.03	−0.39
文水県	−0.70	5.0	1.05	−0.17	1.3	0.49	0.73
交城県	0.18	1.4	0.29	−0.08	0.8	0.31	0.06
興県	−0.09	1.1	0.24	−0.09	0.5	0.17	−0.16
臨県	−0.30	1.1	0.23	−0.27	0.7	0.27	−0.23
柳林県	−0.08	2.2	0.45	−0.01	0.9	0.32	−0.14
石楼県	−0.11	0.5	0.10	−0.11	0.4	0.13	−0.08
嵐県	−0.09	0.6	0.13	−0.08	0.3	0.10	−0.11
方山県	−0.01	0.4	0.09	−0.05	0.2	0.08	−0.06
離石県	−0.06	2.3	0.48	−0.06	2.0	0.73	0.19
中陽県	0.05	1.3	0.28	−0.01	0.6	0.23	−0.06
交口県	0.20	2.5	0.53	0.12	0.8	0.30	−0.11
楡次市	5.28	10.7	2.25	0.11	5.2	1.92	−0.22
介休市	5.74	6.5	1.36	0.24	2.3	0.85	−0.27
楡社県	0.26	0.8	0.16	−0.04	0.4	0.15	−0.05
左権県	0.68	1.5	0.30	0.00	0.6	0.23	−0.07
和順県	0.36	1.0	0.21	−0.02	0.5	0.20	−0.03
昔陽県	0.31	2.0	0.42	−0.08	1.6	0.57	0.07
寿陽県	0.52	1.2	0.25	−0.24	1.2	0.45	−0.04
太谷県	1.87	2.6	0.55	−0.20	2.1	0.78	0.03

県・市名	(9) (7)−(4)	(10) 第二次産業GDP 億元	(11) %	(12) (11)−(4)	(13) 第三次産業GDP 億元	(14) %	(15) (14)−(4)
祁県	1.09	2.3	0.49	−0.09	1.1	0.39	−0.19
平遥県	1.59	2.6	0.54	−0.28	2.2	0.81	−0.01
霊石県	1.69	4.2	0.89	0.12	2.1	0.77	0.00
臨汾市	1.19	10.5	2.20	−0.07	7.9	2.92	0.65
侯馬市	0.89	3.4	0.71	−0.04	2.7	0.99	0.24
霍州市	1.45	3.2	0.67	0.04	1.7	0.62	−0.01
曲沃県	0.13	2.0	0.42	−0.02	0.8	0.30	−0.14
翼城県	0.25	3.5	0.73	−0.12	2.6	0.97	0.12
襄汾県	0.19	4.3	0.91	−0.09	1.8	0.65	−0.35
洪洞県	0.41	8.1	1.69	0.17	2.3	0.86	−0.66
古県	0.31	0.8	0.16	−0.03	0.3	0.14	−0.05
安澤県	−0.08	0.3	0.05	−0.08	0.3	0.12	−0.01
浮山県	0.01	0.8	0.17	−0.04	0.4	0.13	−0.08
吉県	−0.10	0.2	0.04	−0.09	0.4	0.14	0.01
郷寧県	0.22	2.5	0.52	0.06	0.6	0.24	−0.22
蒲県	0.10	1.4	0.29	0.01	0.4	0.16	−0.12
大寧県	−0.01	0.2	0.04	−0.05	0.2	0.08	−0.01
永和県	−0.05	0.1	0.01	−0.06	0.2	0.07	0.00
隰県	−0.09	0.2	0.05	−0.10	0.4	0.17	0.02
汾西県	−0.05	0.6	0.13	−0.06	0.5	0.19	0.00
運城市	1.38	7.0	1.46	−0.14	5.0	1.84	0.24
永済市	1.73	4.4	0.92	−0.14	2.2	0.83	−0.23
河津市	1.31	4.7	0.98	0.21	1.3	0.49	−0.28
芮城県	0.12	1.4	0.29	−0.24	0.9	0.34	−0.19
臨猗県	0.16	3.9	0.82	−0.44	1.5	0.56	−0.70
万栄県	−0.23	1.2	0.24	−0.35	1.4	0.52	−0.07
新絳県	0.12	2.7	0.56	−0.09	1.1	0.40	−0.25
稷山県	0.15	1.2	0.25	−0.18	1.1	0.40	−0.03
聞喜県	0.55	3.3	0.68	0.00	1.3	0.48	−0.20
夏県	−0.08	0.9	0.03	−0.39	1.1	0.40	−0.02
絳県	0.64	1.5	0.31	−0.07	0.6	0.22	−0.16
平陸県	−0.08	0.8	0.17	−0.18	0.8	0.28	−0.07
垣曲県	0.83	3.2	0.68	0.12	0.7	0.27	−0.29
合計		477.0	100.0		270.6	100.0	
平均		4.5	0.94		2.6	0.94	

資料：山西省統計局、「山西統計年鑑・1995」、中国統計出版社、1995、pp.580〜582、pp.586〜588、pp.632〜634、p.525により算出

参 考 文 献

1 日本語文献

[1] アジア研究所編訳（1968）：中国各地区経済地理・華北編，pp.95～135
[2] 阿部治平(1979)：中国地理の散歩，日中出版，pp.168～176
[3] エネルギー総合工学研究所石炭研究会編著(1993)：石炭技術総覧，電力新報社，241p.
[4] 王　曙光（1996）：中国改革開放史，勁草書房，270p.
[5] 大友　篤(1982)：地域分析入門，東洋経済新報社，261p.
[6] Peter Hagget（1965）：Loctional Analysis in human geography, London,Edward Arnold,399p.(梶川勇作訳，立地分析，大明堂，1976，上巻229p.，下巻199p.）
[7] 神原　達編(1991)：中国の石油産業，アジア経済研究所,320p.
[8] 神原　達：中国のエネルギー需給の現状と長期見通し，日中経済協会会報，1993.1,pp.19～25,1993.2,pp.29～36
[9] 北村嘉行・矢田俊文編(1977)：日本工業の地域構造，大明堂，317p.
[10] 許　衛東：中国の経済改革と工業配置の変動，経済地理学年報，1992.1,pp.19～35
[11] 許　衛東：中国における産業立地の現況構造と展望，産業立地，1994.6,pp.21～32
[12] 栗林純夫編著（1994）：中国の地域経済−沿海から内陸へ，日本貿易振興会，379p.
[13] 経済地理学会西南支部編(1995)：西南日本の経済地域，ミネルヴァ書房，342p.
[14] 胡　欣等(1989)：中国経済地理，青木英一等監訳，大明堂,394p.
[15] 呉　軍華：改革期における中国の地域政策の展開とその影響，アジア経済，1996.7-8,pp.120～143
[16] 高阪宏行(1984)：地域経済分析，高文堂出版社，232p.
[17] 国際協力開発機構と国際エネルギー機関編(1994)：2010年世界のエネルギー展望，世界の動き社，pp.192～234
[18] 杉浦芳夫(1989)：立地と空間的行動，古今書院，207p.

[19] 総合研究開発機構 (1995)：中国の地域開発戦略に関する研究，237p.
[20] 総合研究開発機構 (1995)：中国の地域経済格差と地域経済開発に関する実証的研究，225p.
[21] 高橋　満ほか訳 (1976)：中国の自然と産業，龍溪書舎，pp.315〜342
[22] 中華人民共和国第六期全国人民代表大会第四回会議主要文献，外文出版社（日文），1986 年
[23] 中華人民共和国国民経済・社会発展第七次五カ年計画（摘要）(1986〜1990) pp.81〜161
[24] 通商産業省エネルギー庁 (1993)：エネルギー政策の歩みと展望，通商産業調査会，423p.
[25] 通商産業省エネルギー庁 (1994)：エネルギー新世紀へのシナリオ，通商産業調査会出版部，199p.
[26] 通商産業省エネルギー庁企画調査課編 (1995)：エネルギービジョン，通商産業調査会出版部,241p.
[27] 滕　鑑：中国の経済成長と産業構造変化の要因分析，アジア経済，1997.2,pp.44〜61
[28] 時政　勗 (1979)：最適成長論の基礎，ミネルヴァ書房，322p.
[29] 時政　勗 (1993)：枯渇性資源の経済分析，牧野書店，180p.
[30] 中兼和津次：中国の地域格差とその構造，アジア経済，1996.2,pp.2〜34
[31] 西岡久雄 (1976)：経済地理分析，大明堂,322p.
[32] 日中経済協会 (1974)：中国の産業構造，318p.
[33] 日本国際貿易促進協会編 (1977)：新五か年計画と中国の産業経済，日刊工業新聞社，pp.52〜255
[34] 野村総合研究所・東京国際研究クラブ編(1996)：アジア諸国の産業発展戦略，野村総合研究所，326p.
[35] 平田幹郎 (1996)：最新中国データブック，古今書院，265p.
[36] Richard Huggett(1980)：System Analysis in Geography, Oxford University Press(藤原健蔵・米田　巌訳，地域システム分析，古今書院，1989,238p.)
[37] 古澤賢治 (1993)：中国経済の歴史的展開，ミネルヴァ書房,235p.
[38] 丸川知雄：中国の「三線建設」(1)，アジア経済，1993.2,pp.61〜80
[39] 丸川知雄：中国の「三線建設」(2)，アジア経済，1993.3,pp.76〜88
[40] 丸山伸郎 (1994)：90 年代中国地域開発の視角——内陸・沿海関係の力学，アジア経済研究所，421p.
[41] 宮沢健一 (1975)：産業の経済学，東洋経済新報社，341p.
[42] 向坂正男ほか (1967)：日本産業の課題と展望，東洋経済新報社，363p.
[43] 村上　誠編 (1989)：現代地理学（改訂版），朝倉書店，198p.

[44] 村山裕司 (1990)：地域分析，古今書院，169p.
[45] 矢田俊文 (1982)：産業配置と地域構造，大明堂,266p.
[46] 柳　隋年・呉　群敢等(1986)：中国社会主義経済略史（1949～1984），北京週報社,1986年（日文）745p.
[47] 山崎謹哉 (1982)：地域の地理学，古今書院,201p.
[48] 山本正三ほか (1997)：現代日本の地域変化，古今書店，pp.79～102
[49] 渡辺利夫・白砂堤津耶著（1993）：図説中国経済，日本評論社，pp.113～123
[50] 渡辺利夫：中国の地域間経済力格差，（矢内原勝編著：発展途上国問題を考える），勁草書房，1996，pp.213～235

2　英語文献

[1] Bolton, Roger, Regional Econometric Models ,Journal of Regional Science 25, no.4, 1985, pp.495-518
[2] Kresge, David, Regions and Resources, Cambridge, Mass, MIT Press,1984
[3] Leven, Charles L, Regional Development Analysis and Policy, Journal of Regional Science 25, no.4, November 1985, pp.569-592

3　中国語文献

[1] 董明辉等（1992）：人文地理学，湖南省地图出版社，438p.
[2] 国家统计局编（1995）：中国统计年鉴·1995，中国统计出版社，810p.
[3] 国家统计局工业交通统计司编（1991）：中国能源统计年鉴·1991，中国统计出版社，413p.
[4] 黄以柱主编（1991）：区域开发规划，广东教育出版社，507p.
[5] 蒋清海（1990）：中国区域经济分析，重庆出版社，315p.
[6] 金碚（1994）：中国工业化经济分析，中国人民大学出版社，399p.
[7] 雷仲敏（1993）：能源—经济分析与技术评价，山西经济出版社，407p.
[8] 人民出版社编（1984）：光辉的成就，人民出版社，706p.
[9] "山西工业经济"编辑委员会（1993）：山西工业经济，山西经济出版社，922p.
[10] "山西建设经济"编辑委员会（1991）：山西建设经济，山西经济出版社，pp.91～150
[11] "山西国土资源"编辑组（1985）：山西国土资源（上册），pp.162～181
[12] "山西国土资源"编辑组（1985）：山西国土资源（下册），697p.
[13] 山西省计划委员会编（1985）:山西能源重化工基地综合规划资料集，第一册（综合），445p.

[14] 山西省计划委员会编（1985）:山西能源重化工基地综合规划资料集，第二册（煤炭，电力），445p.
[15] 山西省社会科学院等编（1984）：山西能源重化工基地综合开发研究，山西人民出版社，794p.
[16] 山西省统计局编（1995）：山西统计年鉴·1995，中国统计出版社，677p.
[17] 李润田等（1991）：中国经济地理，河南大学出版社，331p.
[18] 李玉江，张宏武主编（1992）：中国产业地理，山东省地图出版社，374p.
[19] 刘再兴主编（1995）：中国生产力总体布局研究，中国物价出版社，852p.
[20] 刘再兴等（1994）：经济地理学：理论与方法，中国物价出版社，336p.
[21] 孙尚清，翟立功（1987）：中国能源结构研究，山西经济出版社，255p.
[22] 孙健（1992）：中华人民共和国经济史，中国人民大学出版社，706p.
[23] 王森浩（1992）：山西改革与建设十年回顾，山西经济出版社，856p.
[24] August Losch(1954)：The Economics of Location,Yale University Press（王守礼译，经济空间秩序，商务印书馆，1995，572p.）
[25] 王兴中等（1993）：人文地理学概论，山东省地图出版社，371p.
[26] 吴德春等（1993）：能源基地发展的反思与探索，山西经济出版社，292p.
[27] 杨公朴主编（1988）：工业结构，中国财政经济出版社，266p.
[28] 预测杂志资料室（1984):中国经济基本资料，中国科技咨询中心预测开发公司，194p.
[29] 杨开忠（1989）：中国区域发展研究，海洋出版社，183p.
[30] 中国能源经济研究会能源经济专业委员会编（1984）：中国能源问题文集，能源出版社，144p.
[31] 中国科学院地理研究所经济地理部编（1985）：山西能源基地的综合开发和经济区划，能源出版社，219p.
[32] 中国地图出版社编（1995）：中华人民共和国分省地图集，中国地图出版社，250p.

索　引
【アルファベット順】

エネルギー　　　4, 13, 24, 29, 32, 34,
　　　　　　　37, 40, 45, 85, 156
エネルギー産業　　1, 3, 6, 10, 15,
　　　　　　　19, 20, 25, 26,
　　　　　　　31, 34
エネルギー資源　　1, 35, 123, 154
エネルギー重化工基地　　1, 85
エネルギー消費　　34,
エネルギー消耗　　30, 40, 158
エネルギー政策　　4, 20, 26, 35
エネルギー生産量　　32
エネルギー基地　　31, 118, 141, 154,
　　　　　　　156
エネルギー源　　29, 31, 128, 160
エネルギー消費量　　31, 128
エネルギー生産能力　　141
エネルギー問題　　123
一次エネルギー　　100, 157
沿岸地区　　15
下第三紀　　46
化学工業　　133
化学工業用炭基地　　50
可採年数　　36
可採埋蔵量　　36
火力発電　　105
火力発電所　　27, 31, 100
火力発電量　　32
回採率　　57
灰分　　50
開発条件　　47
確定埋蔵量　　37
葛洲壩　　27
葛洲壩水力発電所　　32
環境汚染　　40, 104, 158
環境問題　　2
管理体制　　56, 58, 70, 76, 82
関連産業　　3, 99
基本建設　　18, 56, 67, 68, 71, 76,
　　　　　　　77
基本建設体制　　56
基本建設投資　　19, 27, 56, 68, 76,
　　　　　　　85, 90, 141, 156
基本建設投資額　　19, 156
基本建設投資総額　　13, 16, 17, 31
機械化率　　71
機械製造業　　133
郷村炭鉱　　91, 157
郷鎮企業　　60
郷鎮炭鉱　　94
金属制造業　　133
経済規模　　147, 151
経済区　　4
経済建設　　11, 31
経済指標　　17, 41
経済持続発展　　155
経済成長　　1, 3
経済地理　　2
経済発展　　1, 9, 25, 77, 101, 128
計画経済　　8
計画経済体制　　155
計画生産能力　　66
計画総量　　64
計画能力　　59, 64, 66, 72, 79
軽工業機械設備製造業　　134
建設投資額　　65
建設投資規模　　65
原材料工業　　127
原子力　　36
原子力発電所　　28
原炭生産量　　55, 59, 64, 68, 71,
　　　　　　　77, 85, 91, 94, 158
原炭輸送量　　157
原油生産量　　19
固定資産総額　　91
交通運輸　　28
交通運輸業　　99, 117

工業生産　　　19
工業生産額　　　145
工業生産指数　　　14
工業生産総額　　　14, 140
工業総生産　　　129
工農業平均成長率　　　156
鉱山機械　　　99
鉱産資源　　　51
鉄鋼業　　　99
国家統配炭鉱　　　70, 76, 82
国内総生産額　　　125, 145, 151, 153, 159
国民経済　　　8, 11, 12, 18, 20, 21, 154
国民経済回複期　　　56
国民経済計画要領　　　21
国民建設回復期　　　13
採掘コスト　　　45
採掘能力　　　30, 58
三線建設　　　24
山西建設経済　　　60, 65, 71, 73, 78
山西工業経済　　　97, 113
山西国土資源　　　3
山西統計年鑑　　　93, 96, 100
産業構造　　　40, 101, 128, 147, 157, 159
産業消費　　　99, 160
産業部門　　　99
資源開発　　　1, 40
資源集約型　　　40, 158
質量指標　　　50
社隊集団炭鉱　　　68
修理業　　　133
集団所有制炭鉱　　　70, 74, 94
重化学工業基地　　　127
出炭量　　　57
商品経済　　　53
小型発電所　　　113
消費構成　　　160
剰余埋蔵量　　　123
秦皇島石炭港　　　32
水力発電　　　31, 105
水力発電所　　　27, 31

水力発電量　　　32
生産能力　　　61, 66, 79
石炭化学工業　　　52
石炭開発　　　2, 4, 53, 144
石炭関連産業　　　99
石炭紀　　　46, 47, 48
石炭工業　　　20
石炭工業管理局　　　82
石炭鉱業　　　92
石炭採掘　　　53
石炭採掘能力　　　41, 156
石炭産業　　　1, 5, 27, 30, 37, 41, 46, 52, 62, 70, 76, 82, 154
石炭産地　　　53
石炭資源　　　2, 41, 46, 48, 51, 82, 150, 155
石炭出荷量　　　150, 151
石炭生産　　　139
石炭生産総額　　　57, 59
石炭生産目標　　　45
石炭生産量　　　17, 30, 37, 56
石炭埋蔵量　　　37, 144
石油化学工業　　　25
石油産業　　　27, 30
設計能力　　　27
設備制造業　　　133
設備利用率　　　108
全国原油総生産量　　　30
全人民所有制炭鉱　　　66, 73, 79, 91
総消費量　　　99
大型火力発電所　　　112
第一次「五カ年計画」　　　5, 58
第一次産業　　　125, 128
第三次産業　　　125, 128
第四次「五カ年計画」　　　41
第七次「五カ年計画」　　　156
第二次「五カ年計画」　　　5
第二次産業　　　125, 128
第六次「五カ年計画」　　　26, 156
単機能力　　　112
炭鉱建設規模　　　30
地域開発　　　2

索 引 *185*

地域経済	2, 3, 25, 139, 145, 154, 158	年間生産量	105
		年間発電量	14
地域経済構造	125	年計画増加能力	56
地域経済発展	155	年計画能力	73, 76, 77
地質構造	52	年生産能力	56, 57, 68, 73
地方石炭産業	60, 72, 93	粘性	50
地方炭鉱	29, 56, 66, 70, 73, 79, 93	発電所	112
		発電設備能力	107
地方統配鉱	60	発電能力	116
地方統配炭鉱	82	発電量	30
中央直属炭鉱	56, 58, 64, 65, 71, 72, 93	発熱量	50
		非金属鉱業公司	70
中国統計年鑑	10, 33, 42	非統配炭鉱	90, 91, 94, 157
中国能源統計年鑑	33	付加価値	100, 155, 157
天然ガス	31, 36	平均原炭産出量	6
電力業	105	平朔露天炭鉱	27, 82, 92, 149
電力産業	27, 30, 140	埋蔵条件	47
投資額	65, 109	埋蔵深度	42, 47, 52
投資総額	27	埋蔵地域	52
統配炭鉱	76, 90, 91, 157	埋蔵量	35, 37, 44, 51, 54
内陸工業	15	民族企業	54
二酸化硫黄	2	油頁岩	51
二次エネルギー	100, 157	利税総額	59
二畳紀	46, 47, 48	龍羊峡水力発電所	32
年間計画出炭能力	59	労働生産率	59
年間計画増加能力	89	ジュラ紀	46, 48
年間計画能力	90, 92, 94		

《著者紹介》

時　臨雲（じ　りんうん）
　1957年生まれ。中国の山西省出身。1982年中国山西師範大学を卒業。中国農業大学理学修士。山西師範大学講師を経て、1996年から2003年まで広島大学大学院に留学し、教育学修士を取得。今は中国天津商学院講師。

張　宏武（ちょう　こうぶ）
　1955年生まれ。中国の山西省出身。1982年中国山西師範大学を卒業。山西師範大学助教授を経て、1994年から2003年まで広島大学大学院と広島修道大学大学院に留学し、商学博士号を取得。今は中国天津商学院教授・現代日本研究所所長。

中国のエネルギー産業の地域的分析
―山西省の石炭産業を中心に―

2005年3月10日　発行
著　者　時　臨雲・張　宏武
発行者　㈱溪水社
広島市中区小町1－4　（〒730－0041）
電話（082）246－7909／FAX（082）246－7876
E-mail:info@keisui.co.jp

ISBN4-87440-820-6 C3060